企业级卓越人才培养（信息类专业集群）解决方案"十三五"规划教材

Java 面向对象程序设计

天津滨海迅腾科技集团有限公司　主编

南开大学出版社

天　津

图书在版编目 (CIP) 数据

Java 面向对象程序设计 / 天津滨海迅腾科技集团有限公司主编 . — 天津 : 南开大学出版社 , 2017.5（2020.1 重印）

ISBN 978-7-310-05327-8

Ⅰ.①J…　Ⅱ.①天…　Ⅲ.①JAVA语言－程序设计　Ⅳ.①TP312.8

中国版本图书馆CIP数据核字（2017）第012368号

南开大学出版社出版发行

出版人：陈敬

地址:天津市南开区卫津路 94 号　　邮政编码:300071

营销部电话:(022)23508339　23500755

营销部传真:(022)23508542　　邮购部电话:(022)23502200

*

三河市同力彩印有限公司印刷

全国各地新华书店经销

*

2017 年 5 月第 1 版　　2020 年 1 月第 4 次印刷

260×185 毫米　16 开本　21.25 印张　533 千字

定价:66.00 元

如遇图书印装质量问题,请与本社营销部联系调换,电话:(022)23507125

企业级卓越人才培养（信息类专业集群）解决方案"十三五"规划教材编写委员会

企业级卓越人才培养（信息类专业集群）解决方案简介

　　企业级卓越人才培养（信息类专业集群）解决方案（以下简称"解决方案"）是面向我国职业教育量身定制的应用型、技术技能型人才培养解决方案，以天津滨海迅腾科技集团技术研发为依托，联合国内职业教育领域相关行业、企业、职业院校共同研究与实践研发的科研成果。本解决方案坚持"创新产教融合协同育人，推进校企合作模式改革"的宗旨，消化吸收德国"双元制"应用型人才培养模式，深入践行"基于工作过程"的技术技能型人才培养，设立工程实践创新培养的企业化培养解决方案。在服务国家战略、京津冀教育协同发展、中国制造2025（工业信息化）等领域培养不同层次及领域的信息化人才。为推进我国教育现代化发挥应有的作用。

　　该解决方案由"初、中、高级工程师"三个阶段构成，集技能型人才培养方案、专业教程、课程标准、数字资源包（标准课程包、企业项目包）、考评体系、认证体系、教学管理体系、就业管理体系等于一体。采用校企融合、产学融合、师资融合的模式在高校内共建互联网学院、软件学院、工程师培养基地的方式，开展"卓越工程师培养计划"，开设系列"卓越工程师班"，"将企业人才需求标准、企业工作流程、企业研发项目、企业考评体系、企业一线工程师、准职业人才培养体系、企业管理体系引进课堂"，充分发挥校企双方特长，推动校企、校际合作，促进区域优质资源共建共享，实现卓越人才培养目标，达到企业人才培养及招录的标准。本解决方案已在全国近二十所高校开始实施，目前已形成企业、高校、学生三方共赢格局。未来五年将努力实现在年培养能力达到万人的目标。

　　天津滨海迅腾科技集团是以 IT 产业为主导的高科技企业集团，总部设立在北方经济中心——天津，子公司和分支机构遍布全国近20个省市，集团旗下的迅腾国际、迅腾科技、迅腾网络、迅腾生物、迅腾日化分属于 IT 教育、软件研发、互联网服务、生物科技、快速消费品五大产业模块，形成了以科技为原动力的现代科技服务产业链。集团先后荣获"全国双爱双评先进单位""天津市五一劳动奖状""天津市政府授予 AAA 级和谐企业""天津市文明单位""高新技术企业""骨干科技企业"等近百项殊荣。集团多年中自主研发天津市科技成果2项，具备自主知识产权的开发项目数十余项。现为国家工业和信息化部人才交流中心"全国信息化工程师"项目联合认证单位。

前　　言

　　面向对象程序设计是软件开发的一种新技术。通过本书的学习，使读者了解面向对象技术，理解面向对象的基本方法，初步培养面向对象思维，掌握 Java 提供的面向对象机制，为采用面向对象方法学指导具体问题的分析、设计与实现打下良好的基础。适应现代软件产业的发展和需要。

　　本书共十一章，分别为：Java 入门、面向对象概念、数据类型、Java 程序流程控制、重载与构造方法、Java 常用类与预定义类、继承、多态、抽象类与接口、Java 集合、多线程。通过本书的学习，读者将对面向对象概念、程序流程控制、面向对象的重载与构造方法、继承以及多态有深入的理解，并能运用所学知识进行简单的程序设计。

　　整本书在编写时既注重系统性和科学性，又注重实用性。每个章节都按照面向对象程序设计知识体系，循序渐进地讲解。都设有学习目标、课前准备、本章简介、具体知识点讲解、小结、英语角、作业、思考题、学员回顾内容九个模块。此结构条理清晰、内容详细，将相关知识、技能、最准确的信息传递给读者，不仅有益于巩固掌握的知识，还能提高实践能力。

　　本书由王新强主编，韩静、陆小翠、王希军、焦小炜参与编写，由王新强负责全面内容的规划、编排。具体分工如下：第一、二、三章由王新强编写；第四、五、六章由韩静编写；第七、八、九章由陆小翠、王希军编写；第十、十一章由陆小翠、焦小炜编写。

　　本书结构合理、示例丰富、语言简洁并参考了国内外大量相关文献资料，既介绍全面又重点突出，做到了点面结合；在本书的编写过程中，编者尽可能地把所能用到面向对象的相关知识、技能以最明了的方式传递给大家。由于时代信息更新快，在内容选取和叙述上如有异议，欢迎广大读者对本书提出批评和建议。

前　言

目 录

理论部分

上机部分

理论部分

理论部分

第 1 章　Java 入门

学习目标

◇ 了解 Java 语言的特点。

◇ 掌握 Java 执行过程。

◇ 掌握 Java 的基本编写结构。

课前准备

在网上寻找资料，了解 Java 的发展历史和在程序开发中的地位。

本章简介

在程序设计中，面向对象概念已经深入人心，在本书中，将重点介绍面向对象的概念以及使用面向对象的概念去设计和开发应用程序。

在这本书中，将使用 Java 语言来讲解，Java 是一种完全面向对象的语言，是一种比较简单的语言。

我们还将介绍 UML（统一建模语言），通过 UML 中的类图来描述程序。

1.1　Java 简介

早在 1990 年 12 月，SUN 就由 Pratrick Naughton、Milke Sheridan 和 James Gosling 成立了一个叫 Green Team 的小组。这个小组的主要目标是要发展一种分布式系统结构，使其能在消费性电子产品作业平台上执行，例如 PDA、手机、信息家电（Internet/Information Appliance，IA）等。

在 1992 年 9 月，Green Team 发表了一款名叫 Star Seven（Star 7）的机器，如图 1-1 所示，它有点像现在熟悉的 PDA，不过它确有着比现在 PDA 还强大的功能，像无线通信（wireless network）、5 吋彩色的 LCD、PCMCIA 接口等等。现在市面上的 PDA 几乎不是它的对手，更不要说早在十年前了。

而 Java 语言的前身 Oak 就是在那时诞生的，主要的目的当然是用来撰写在 Star 7 上的应用程序。为什么要叫 Oak 呢？原因是 James Gosling（图 1-2 就是 James Gosling）办公室的窗外，正好有一棵树橡树（Oak），顺手就取了这个名字。Java 所提供的一些特性，其实在 Oak 就已经具备了,像安全性、网络通信、对象导向、Garbage Callected、多任务等,是一个相当优秀的程序语言。

图 1-1   Star 7 的展示

图 1-2   Java 之父——James Gosling

为什么 Oak 会改名为 Java 呢？这是因为当时 Oak 要去注册商标时,发现已经有另外一家公司已经先用了 Oak 这个名字。Oak 这个名字不能用,那要取什么名字呢？工程师们边喝着咖啡边讨论着,看看手上的咖啡,灵机一动,就叫 Java 好了。就这样 Oak 就变成了现在大家所熟知的 Java。

可惜的是,这些优秀的产品,却不被当时的消费市场所接受。正当这个小组快要被 SUN 裁撤时,全世界第一个全球信息浏览器——Mosaic 诞生了。

Java 就以它优异的功能,在全球信息网的平台上撰写高互动性的网页程序,称为 Applet。因为那时没有其他的程序语言能够做到,所以原本坐以待毙的 Java,又在全球信息网上开启了另一片天空。1995 年 5 月 23 日,JDK(Java Development Kits)1.0a2 版本正式对外发表。

Java Logo 如图 1-3 所示。

图 1-3   Java Logo

接触过 Java 的人,一定会对 Java 两个专用的 Logo 印象深刻,一个就是 Java Cup,另一个就是叫做 Duke 的吉祥物了。这位可爱的 Duke 是由 Joe Palrang 在 1992 年创作出来的,Duke 当时在 Star 7 上所扮演的角色是类似 Office 中小帮手的功能。

1.2　Java 的语法

了解整个 Java 的历史背景后,来看看 Java 本身的语法。

Java 的语法和 C 语言大致上是一样的,无论是程序块(statement)、条件流程控制(if)、循环(for),等等。Java 是面向对象的一种语言,而 C 语言是一个结构化的语言,C++ 语言是在 C 语言中加入面向对象的概念演变而来的。既然 C++ 和 Java 都和 C 非常相似。Java 和 C++ 都有面向对象的概念,那么 Java 和 C++ 有什么差别呢? 简单地说: Java 改进了 C++ 中的一些缺点,并且增加了一些新的优点,让 Java 变得更简单、更容易学习,并且设计出来的程序威力更强大且坚固。哪些东西是 C++ 中有而 Java 中没有,又有哪些东西是 Java 特殊的设计,而 C++ 中没有的呢? 就来简单的比较一下。

在 Java 中拿掉了 C++ 语言中大家对它又爱又恨的指针,指针使用得当的话,对于程序的能力有很大的帮助,使用不当的话,程序崩溃可以说是家常便饭。因此为了系统安全、程序稳定起见,Java 中没有指针。另外,Java 中也没有了 C++ 语言中程序常用的预处理器(preprocessor),像是 #define、#fdef、常数声明等,当然也少了 #include 指令,因此也没有了头文件(.h)。对于 C++ 来说,Java 也不支持多重继承的观念,原因是不让对象和对象之间的关系变得复杂。

而在 Java 中新增的部分像是资源回收(Garbage Collection)、处理错误(Exception)、新的修饰词(abstract、synchronzzed、native、final)等。几乎是为了整个系统和程序本身的安全性而考虑的。

除了上述这几个比较大的改变之外,还有一些小的修正,像是 Java 无论在何种平台上,基本数据型态的大小是不变的等。我们在后面的章节中,会陆续介绍 Java 这些新增功能的使用方法。

1.3　Java 语言的特点

Java 到底是一种什么样的语言呢? Java 是一种简单的、面向对象的、分布式的、解释的、健壮的、安全的、结构中立的、可移植的性能很优异的多线程的动态的语言。

1.3.1　简单

Java 最初是为对家用电器进行集成控制而设计的一种语言,因此它必须简单明了,Java 语言的简单性主要体现在以下三个方面:(1)Java 的风格类似于 C++,因而 C++ 程序员是非常熟悉的。从某种意义上讲,Java 语言是 C 及 C++ 语言的一个变种,因此,C++ 程序员可以很快就掌握 Java 编程技术。(2)Java 摒弃了 C++ 中容易引发程序错误的地方,如指针和内存管理。(3)使用 IP 协议的 API,因此,Java 应用程序可凭借 URL 打开并访问网络上的对象,其访问方式与访问本地文件系统几乎相同。为分布环境尤其是 Internet 提供动态内容无疑是一项非常宏大的任务,但是 Java 的语法特性却能很容易地实现这项目标。

1.3.2　面向对象

现在面向对象的概念已经深入人心,面向对象已经应用在软件开发的各个方面,而面向对象就是 Java 最重要的特性。Java 语言的设计完全是面向对象的,它不支持类似 C 语言那样的非面向对象的程序设计技术。

1.3.3　分布式

Java 的网络能够非常的强大,而且使用起来很方便,这是因为 Java 提供了支持 HTTP 和 FTP 等基于 TCP 称为 servlet 的技术,使 Web 服务器的 Java 处理变得非常简单和高效。

1.3.4　健壮性

Java 的设计目标之一在于用 Java 可以编写在很多方面都可靠的程序。Java 致力于检查程序在编译和运行时的错误,类型检查帮助检查出许多开发早期出现的错误。Java 自己操作内存减少了内存出错的可能性。这些功能特征大大缩短了开发 Java 应用程序的周期。而且,Java 编译器会检查出很多其他语言在运行时才显示出来的错误。

1.3.5　安全性

Java 的安全性可从两个方面得到保证,一方面,在 Java 语言里,像指针和释放内存等 C++ 功能被删除,避免了非法内存操作。另一方面,当 Java 用来创建浏览器时,语言功能和一些浏览器本身提供的功能结合起来,使它更安全, Java 语言在的机器上执行前,要经过很多次的测试。它经过代码校验,检查代码段的格式,检测指针操作,对象操作是否过分以及试图改变一个对象的类型。

1.3.6　体系结构中立

为了建立 Java 作为网络的一个整体, Java 将它的程序编译成一种结构中立的中间文件格式。只要有 Java 运行系统的机器都能执行这种中间代码。现在,Java 运行系统有 Solaris、Linux、Windows 等。Java 源程序被编译成一种高层次的与机器无关的 Java 字节码格式语言,字节码也与计算机体系结构无关的。这种语言被设计在虚拟机上运行,由机器相关的运行调试器实现执行。

1.3.7　可移植性

同体系结构无关的特性使得 Java 应用程序可以在配备 Java 解释器和运行环境的任何计算机系统上运行,这成为 Java 应用软件便于移植的良好基础。但仅仅如此还不够,如果基本数据类型设计依赖于具体实现,也将为程序的移植带来很大不便。例如在 Windows 3.1 中整数(Integer)为 16 bits,在 Windows 95 中整数为 32 bits,在 Windows XP 64 位系统中整数为 64 bits。通过定义独立于平台的基础数据类型及其运算,Java 数据得以在任何硬件平台上保持一致。Java 语言的基本数据类型及其表示方式如下:一个 int 类型在 Java 中始终是一个 32

位的二进制数。

1.3.8　解释执行

Java 解释器（运行系统）能直接运行目标码指令。链接程序通常比编译程序所需资源少，所以程序员可以在创建源程序上花上更多的时间，Java 解释器可以在任何移植了 Java 解释器的机器上执行 Java 字节码。

1.4　Java 环境

既然知道了 Java 的历史和语法，接下来，将要学习 Java 的编译环境。

Java 不仅提供了一个丰富的语言，而且还提供了一个免费的 Java 开发工具集（Java Developers Kits，JDK）。编程人员和最终用户可以利用这个工具来开发 Java 程序或调用 Java 内容：使用 JDK 就可以开发各种 Java 应用程序，然而，很多程序员更加喜欢集成开发环境所带来的方便，以后将使用 Eclipse 来开发 Java 应用程序，但是掌握 JDK 开发 Java 应用程序对了解 Java 非常有用，一旦掌握了 JDK 开发 Java 的技巧，就可以选择其他的开发工具了。

1.4.1　编译环境

本书使用的 JDK 版本为 SUN 公司提供了的 JDK 6.0 版本，该版本可以从 SUN 公司的网站 http：//Java.sun.com/Javase/downloads/index.jsp 下载，当然，由于 Java 是跨平台的，所以 SUN 公司除了提供 Windows 下的 JDK，还提供了 Solaris、Linux 等其他平台的 JDK。

在安装好 JDK 以后，可以看到以下几个目录：

bin 目录　存放可执行文件。

lib 目录　存放 Java 类库文件。

include 目录　存放用于本地方法的文件。

demo 目录　存放演示程序。

jre 目录　存放 Java 运行环境文件。

在安装完 JDK 后，还需要执行一个步骤：把安装好的 JDK 路径加入执行路径中，该路径是操作系统寻找本地可执行文件的目录列表。

在 Windows 操作系统下，主要有以下几个步骤：

（1）打开控制面板。

（2）选择"系统"，可以看到如图 1-4 所示对话框。

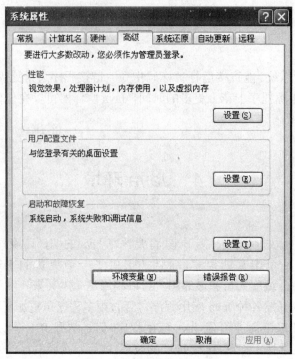

图 1-4   "系统属性"对话框

（3）再选择"环境变量"，可以看到如图 1-5 所示对话框。

图 1-5   "环境变量"对话框

（4）在"系统变量"中，找到 Path 变量并选中，在弹出对话框中，为 Path 添加值：如果 JDK 安装路径为 C:\Program Files\Java\JDK1.6.0_05，那么该值为：C:\Program Files\Java\JDK1.6.0_05\bin，如图 1-6 所示。

编辑系统变量
变量名(N):
Path
变量值(V):
C:\Program Files\Java\jdk1.6.0_05\b:
确定
取消

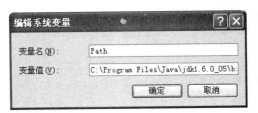

图 1-6　设计 Path 的值

（5）保存设置，在 Windows 的命令提示符下，输入：java version。如果出现如图 1-7 所示提示符，那么说明设置成功了。

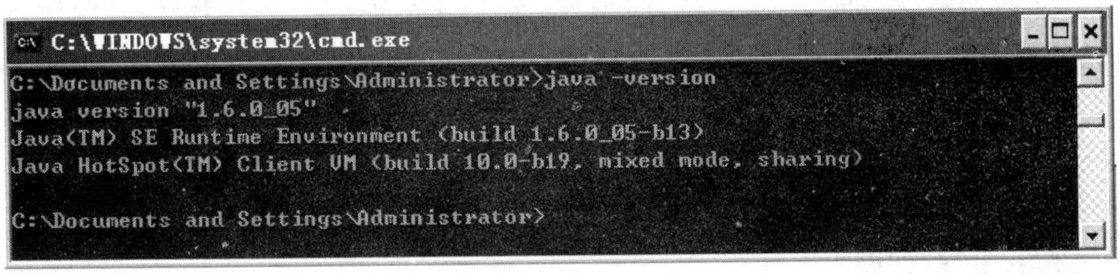

C:\WINDOWS\system32\cmd.exe
C:\Documents and Settings\Administrator>java -version
java version "1.6.0_05"
Java(TM) SE Runtime Environment (build 1.6.0_05-b13)
Java HotSpot(TM) Client VM (build 10.0-b19, mixed mode, sharing)
C:\Documents and Settings\Administrator>

图 1-7　查看设置

如果得到的输出是“java”，不是内部或外部的命令，也不是可运行程序或批处理文件之类的信息的话，说明设置有问题，要重新检查刚才的设置。

1.4.2　执行过程

要了解 Java 程序是如何执行的，就必须了解 Java 的虚拟机。

在 Java 中引入了虚拟机的概念，即在机器和编译程序之间加入了一层抽象的虚拟机器。这台虚拟的机器在任何平台上都提供给编译程序一个共同的接口。编译程序只需要面向虚拟机，生成虚拟机能够理解的代码，然后由解释器来将虚拟机代码转换为特定系统的机器码执行。在 Java 中，这种供虚拟机理解的代码叫做字节码（ByteCode），它不面向任何特定的处理器，只面向虚拟机。每一种平台的解释器是不同的，但是实现的虚拟机是相同的。Java 源程序经编译器编译后变成字节码，字节码由虚拟机解释执行，虚拟机将每一条要执行的字节码送给解释器，解释器将其翻译成特定机器上的机器码，然后在特定的机器上运行。因此，Java 语言编写的应用程序才能做到在不同的操作系统上运行，也就是做到了跨平台。

可以说，Java 虚拟机是 Java 语言的基础，它是 Java 技术的重要组成部分。Java 虚拟机是一个抽象的计算机，和实际的计算机一样，它具有一个指令集并使用不同的存储区域，负责执行指令，还要管理数据、内存和寄存器，Java 解释器负责将字节代码翻译成特定机器的机器代码。

设计 Java 的时候，为了将程序员从复杂的内存管理的负担中解脱出来，同时也是为了减少错误，Java 使用了自动内存垃圾回收机制，程序员只要在需要的时候申请即可，不需要释放，而由 Java 自己来收集、释放内存中无用的块。这样，程序员就不用去考虑内存的管理，只要考虑业务需求就可以了。

知道了 Java 虚拟机的作用，接下来，学习 Java 应用程序具体是怎么被执行的。

Java 应用程序的开发周期包括编译、下载、解释和执行几个部分，如图 1-8 所示。Java 编

图 1-8　Java 与 C 的执行过程

译程序将 Java 源程序翻译为 JVM 可执行代码:字节码。这一编译过程同 C/C++ 编译的有些不同。当 C 编译器编译生成一个对象的代码时,该代码是为在某一特定硬件平台运行而产生的。因此,在编译过程中,编译程序通过查表将所有对符号的引用转换为特定的内存偏移量,以保证程序程序运行。Java 编译器却不将对变量和方法的引用编译为数值引用,也不确定程序执行过程中的内存布局。而是将这些符号引用信息保留在字节码中,由解释器在运行过程中创立内存布局。然后再通过查表来确定一个方法所在的地址。这样就有效地保证了 Java 的可移植性和安全性,如图 1-8 所示。

　　运行 JVM 字节码的工作是由解释器来完成的,解释器执行过程分三步进行:代码的装入,代码的校验和代码的执行。装入代码的工作由"类装载器"(class loader)完成。类装载器负责装入运行一个程序需要的所有代码,这也包括程序代码中的类所继承的类和被其调用的类。当类装载器装入一个类时,该类被放在自己的名字空间中,除了通过符号引用自己名字空间以外的类,类之间没有其他办法可以影响其他类,在本台计算机上的所有类都在同一地址空间内,而所有从外部引进的类,都有一个自己独立的名字空间。这使得本地类通过共享相同的名字空间获得较高的运行效率,同时又保证它们与从外部引进的类不会相互影响。当装入了运行程序需要的所有类后,解释器便可确定整个可执行程序的内存布局。解释器为符号引用同特定的地址空间建立对应关系及查询表。通过在这一阶段确定代码的内存布局,Java 很好地解决了由超类改变而使子类崩溃的问题,同时也防止了代码对地址的非法访问。

　　随后,被装入的代码由字节码校验器进行检查。校验器可发现操作栈溢出。非法数据类型转化等多种错误。通过校验后,代码便开始执行了。

　　Java 字节码的执行有两种方式:

　　(1)即时编译方式。解释器先将字节码编译成机器码,然后再执行该机器码。

　　(2)解释执行方式。解释器通过每次解释并执行一小段代码来完成 Java 字节码程序的所有操作。

　　通常采用的是第二种方式,由于 JVM 规格描述具有足够的灵活性,这使得将字节码翻译为机器代码的工作具有较高的效率。

　　知道了 Java 的执行过程,那么在 JDK 下使用什么命令来执行呢? 下面我们将学习 JDK 下的几个工具。

　　javac:Java 语言编译器,输出结果为 Java 字节码。

　　java:Java 字节码解释器。

　　javapDisassembeler:Java 字节码分解程序,程序返回 Java 程序的成员变量及方法等信息。

　　javaprof:资源分析工具,用于分析 Java 程序在运行过程中调用了哪些资源,包括类和方法的调用次数和时间,以及各数据类型的内存使用情况等。

javaApletViewer:小应用程序浏览器工具,用于测试并运行 Java 小应用程序

javaDebuggerAPIJava:调式工具,APIProtoypeDebuggerJava 调式工具原型

知道了 Java 应用程序的执行过程 JDK 的一些工具,接下来,就来讲解第一个 Java 应用程序。

1.5 第一个 Java 应用程序

首先打开写字板,输入如示例代码 1-1:

```
示例代码 1-1   第一个小程序

    public  class  MyFirstApp  {
    //Java 中的 main 主函数
    public  static  void  main(string[]  args){
       /* 输出    欢迎来到 xtgj*/
       System.out.println("欢迎来到 xtgj");
    }

    }
```

这是一个很短小的 Java 应用程序,程序是用英文写的。在计算机执行之前,先来看看这段程序。

首先,Java 语言中大小写是有区别的,在输入代码的时候,要检查大小写是否正确。

其次, // 和 /* */ 标记表示注释,注释是用来解释说明程序的。对所有计算机程序而言,注释都是必不可少的。当程序发布之后,如果其他程序员想要使用、修改该程序,往往需要先读懂注释中的内容;对于写这段程序的程序员来说,在一段时间之后,要修改程序中的某些部分,注释也能为他提供很大的帮助,尤其是那些逻辑比较复杂的程序,加入注释对理解程序能起到很大的帮助。

示例中的 // 表示单行注释,而 /**/ 表示在 /* 和 */ 之间的文字都是注释。

将上面的程序保存在一个名为 MyFirstApp.Java 文件中,该文件名不是可以随便定义的,这个和文件中的内容还有关系。可以看到在程序中第一行代码是"public class MyFirstApp"。在 Java 中,一般规定,一个文件是由一个类(class)组成的。文件名要和文件中类名一致。

在"public class My FirstApp"后就是一对"{"和"}"其中的内容为程序块,程序块就是定义在一起的一组语句。在该示例中有两个程序块,一个包含着另一个,外面的程序块就是类 MyFirstApp 的内容,也就是 public class My First App 以及后面跟着一对 {} 中的语句。另外一个程序块就是 main 方法,main 方法是由 public static void main(String[]args) 和其后 {} 中的内容组成。

在 main() 函数中就一个语句 System.out.println("欢迎来到 xtgi"); 表示输出 "欢迎来到 xtgi"的内容。该语句的具体使用可以查看 Java 的帮助。

有了源程序,接下来就是要执行了。

前面已经讲过,Java 程序要经过编译然后才能解释执行,也就是说要经过两个步骤。

首先,使用编译命令 Javac.exe 来编译程序。在控制台下输入以下命令:

javac　　MyFirstApp.java

如果编译出错,会在屏幕上打印出错误信息。这时应该回头来查看一下源代码。哪个地方有错误,还有一个就常见的文件名错误。如果编译没有报错,那么就可以在同一目录下发现多了一个 class 文件,该文件就是字节码文件。

然后,还需要利用 Javac.exe 来解释执行该 class 文件,命令如下:

java　　MyFirstApp

最后,可以看见该程序的输出结果。运行结果如图 1-9 所示。

图 1-9　执行结果

上面所示的过程是最理想的情况,实际上,在编译过程中往往会出现一些错误。在错误信息中会提示源程序的哪一行出现了错误。根据错误信息对源程序进行修改。修改后可能又会出现新的错误。再对新出现的错误进行修改。如此往复几次之后,程序就可以顺利通过编译了。但在运行时,又可能遇到新的错误。这就是一名程序员每天都要做的工作。习惯这种工作方式,经过一番艰苦而持久的拉锯战之后才能让程序正常运行。

1.6　Java 小应用程序

在前面曾经提过,Java 语言备受关注的主要原因是 Java 与 Web 和因特网紧密相连,Java 程序有两种主要类型:独立的 Java 应用程序(Application)和 Java 小应用程序(Applet)。Applet 就是在 Web 页上所见到的 Java 程序,这也是 Java 语言的独到之处。

Web 页是用 HTML 语言编写的。这种语言可以看到不同格式的文件信息,还可以链接到其他文档上,另外还能在文档中加入图片和表格。如果浏览器中安装了一些外部模块,则还可以听到音乐或者看到电影。但这些看到的都是静态的、被动的信息,这些信息存放在某台可以被访问的服务器上的文件中。但 Java Applet 并不是被动的信息。当在 Web 页上访问 Applet 时,这个 Java 程序会被下载到浏览器上并开始运行。Java Applet 可以直接与使用浏览器的用户进行交互。看到的不再是一成不变的 HTML 文件,而是由一小段计算机程序所表现出来的界面。

1.7　JavaScript 和 Java

还有一种叫做 JavaScript 的编程语言。但这种编程语言并不像 Java 那样可以编写大型的、可以独立使用的应用程序。JavaScript 是一种仅能应用于 Web 页和浏览器上的程序语言。在第一学期的网页编程学习中,已经知道,JavaScript 是由 Netscape 公司创建的。它是内嵌于 HTML 文档中的一小段代码,可以让 HTML 文档更加灵活地显示内容,更方便更有效地使用鼠标来完成跳转等功能。

那么,JavaScript 和 Java 有什么联系么?实际上除了名字有点相似之外,就没有什么其他联系了。表面看来,JavaScript 代码与 Java 源程序很相似,但是实际上两者完全不同。

1.8　小结

✓ Java 是从 C/C++ 演变过来的,有着很多的 C 语言的特性,比如区分大小写。
✓ Java 是一种简单的完全面向对象的语言,具有健壮性和安全性等特点,可以开发 Application、Applet 和 Web 应用程序。
✓ Java 是解释执行的。

1.9　英语角

UML	统一建模语言
JDK	Java 开发工具包
PDA	个人数字助理
OOP	面向对象编程
demo	演示
path	路径

1.10   作业

1. 请在一个写字板中编辑程序 MyTest，编译并执行。要求输出"This is a test"。
2. 请说出在 Java 中 Application 和 Applet 的相同点和区别。

1.11   思考题

1. 什么是面向对象的编程？
2. 什么是字节码？

1.12   学员回顾内容

1. Java 程序的执行过程。
2. 什么是 JDK？它的作用是什么？

第 2 章　面向对象的概念

学习目标

◇ 了解面向对象的三大基本特点。
◇ 理解类和对象的概念。
◇ 掌握 Java 类的定义,类的属性和方法,类的构造方法及对象的创建与引用。

课前准备

OOP 和传统的面向过程编程的区别。
类和对象的概念。
类的定义方式。
类的成员:属性、方法、构造方法。
对象的创建与引用。
通过对象调用方法和属性理解封装的概念。

本章简介

从本章起将主要讲解面向对象编程的概念与应用,面向对象编程的三大基本特点是:封装、继承、多态。从本章开始将逐步展开讲解面向对象编程的内容,通过对面向对象编程的讲解,将理解和掌握面向对象编程的概念及应用。

本章主要讲解面向对象编程的重要概念:建立类的概念、理解程序中对象和现实生活中的对象的概念区别,建立起程序类实例(对象)的概念、使用类实例(对象)调用方法和属性。

通过学习本章,应掌握如下内容:

对象:现实世界的对象与程序中的对象不同。

属性:消息、操作、类、客户、封装。

方法:构造方法、参数(形参和实参)、客户程序。

2.1　类的定义及实现模型

面向对象开发方法把软件系统看成各个对象的集合,对象就是最小的子系统,一组相关的对象能够组合成更复杂的子系统。首先给要讨论的类一个明确的定义,类就是将数据及处理数据的方法结合在一起的模型,类可以用来表述汽车、书等现实生活中的事物。而用类来解决问题的编程方法被称为面向对象的方法。

既然类是模型,从现实世界的模型开始建立类的概念,借助模型可以帮助理解现实世界,在生活中,对一个事物可以从不同的方法来建模。例如:一栋房子的模型可以是一张蓝图,也可以是一个三维的塑料模型。不同的模型可以让从不同方面来理解同一事物。一张蓝图可以让我们很方便地想象出房子的平面布局,而且得到房子各部分的详细尺寸。三维的模型对了解房子的外观会有很大的帮助,但是模型并不是现实事物的简单缩小。模型在很多方面不再是反映原先的现实事物,例如:蓝图是二维的,并且,三维的塑料模型也不是房子本身。模型上的窗户也不是玻璃做的。

对象是面向对象建模的核心概念,对象就是程序所要反映事物的模型。对象可以是现实事物的模型,如:人、天空、月亮、太阳、桌子等。也可以是抽象事物的模型,像会议、合约等。对象是一个名词,并要求其可以真实地反映事物的特征,即对象必须能够体现出事物自身的一部分特性。

例如:

汽车对象中应该包含牌照号码、制造商名称和型号等信息。还要能够现实汽车的启动、行驶和停止等功能。

会议对象要有开会的内容、开会的地点或开会的方式、参加的人员、开会的时间、计划何时结束,以及实际开会的情况,如:实际到会人员名册等。

学生对象中应该包含学号、年级、名字、生日和通讯地址等信息,还可以有参加活动、上学、下课回家等信息。

> 注意:
> 　　现实世界的对象和程序中的对象不同。面向对象建模中的对象和现实中的对象显然是不同的,在程序中,对象无论其反映的事物是生、是死、还是一个抽象事物,都保留与之相关的大量信息,以现实世界中的对象为基础来建立程序中的对象。

1. 万物皆对象

为了更好地理解和解释上面列出的三个例子,先来了解几个概念:客户(client)、服务器(server)、消息(message)和操作(operation);

在操作计算机的时候,计算机能够按人们的指令进行工作,完成客户所需的操作后,计算机给操作者返回操作结果信息,即计算机是提供服务者(服务器),计算机操作者是计算机所服务的对象,是客户,即:客户与服务器是对象所处的角色,对象间的合作是通过客户对象在需要服务时,向计算机(服务器)对象发出一系列的指令,完成指令操作后返回响应。

同样的道理,汽车驾驶员通过一系列的操作,即:向车子发出一系列的信息,如:启动、加速、转弯、停止等。汽车作为驾驶员操作的对象,需要接受驾驶员的操作信息,按照操作员的指令进行正确的工作,即响应操作信息,如图 2-1 所示。

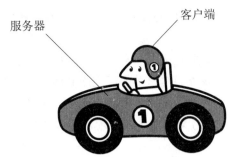

Greta 向他的汽车发送了一条消息:"加速"

图 2-1　服务器说明

从以上例子发现,把服务器、客户端看作对象,那么作为服务器对象应具有一定的功能。如,汽车对象本身知道应如何完成启动、加速、减速、转弯、制动等操作,但是对于驾驶员来说,该对象并不知道发生在汽车内部的复杂过程,但是客户端对象可以去调用服务器对象。另外汽车还应保存牌照信息、制造商信息、行驶里程信息等。这些信息能够反映汽车的特征,就认为这些应是汽车对象所具有的信息。

可以看出,面向对象编程就是对象之间的操作,为了更好地体现这些思想,我们继续来学习第二个例子。

学生对象中应包含学号和通讯地址,也应该知道如何回答试卷上的问题。另外,每位学生在每年升班时,应该修改其所在班级的信息。当学生给自己发信息时,他既是客户又是服务器。一个对象可以既是客户端又是服务器。但这两种角色通常是两个不同的对象。在面向对象的模型中,客户端可以发送"进行考试"消息给学生对象。也可以发送"这是你所在的年级"消息给学生对象。

在第三个例子中,需要对会议这样的抽象概念进行建模,那么会议对象应该包含什么数据呢?开会地点、参会人员、开会时间、结束时间等均是会议对象应有的信息。客户可以向会议对象发送这样的消息:开始会议、改变开会地点、修改会议的时间表等。

在上面的三个示例中,把一些现实世界中的事物,使用软件进行模拟,即把现实世界中的事物抽象成对象。例如:汽车、驾驶员、学生、会议,等等。

2. 对象是有状态的

对象的状态是指在对象的整个生命周期中,对象满足某个条件:可以进行某个操作或者等待什么事件的一种特定情况。例如:汽车可能正在发动机发动的过程中,会议正在进行中,并且状态是变化的,当汽车已经被启动完成,汽车就进入行驶状态等。

3. 对象具有属性和行为

例如上面所讲的一些对象,如汽车、驾驶员、学生等,他们都是有一些属性的。

属性(attribute)体现了对象的某种特征,属性的值往往有一定的取值范围。以汽车对象为例,汽车的属性有:牌照号、制造商名称、型号、已经行驶的里程数等,而这些数据有各自特点,牌照号由字母和数字组成,并且有一定的长度,行驶的里程数是数字,并且有最大和最小范围限制等。

每一个对象有一个标示符(identity),现实中的对象可以区分,如汽车车牌号区分不同的汽车。

任何一个对象都有特定的行为（behavior），如汽车：行驶、制动、启动等。

4. 对象具有封装性

封装（encapsulation）是对象最重要的特性。如何完成各项操作的过程被对象隐藏起来了。客户端对象并不需要知道服务器对象是如何完成其所提供的操作的。只要知道服务器对象可以完成什么操作就足够了。因此，客户端对象只能向计算机服务器发出一组信息。创建计算机服务器对象的人可以决定计算机服务器对象对外提供什么服务。

5. 对象都属于某个类

对象都属于某个类，每个对象都是某个类的实例，例如学生王明、李永等，他们都属于学生类。同一个类的所有实例具有相同的属性，这些对象具有相同的属性含义，但是它们的状态是不同的，比如学生类的对象可以有很多，他们都有年龄这个属性，每个对象的年龄属性值是不同的。

这样我们知道了类（class）是描述了一组具有相同属性和行为的对象。

类图（class diagram）是说明类的常用方法。类图是统一建模语言 UML（Unified Madeling Language）的一部分，也是对类进行说明的标准表示法。UML 独立于编程语言。这里用 Java 语言编程，但使用 UML 说明的模型也可以用其他编程语言来实现。Car（汽车）类图如图 2-2 所示。

提示：类名第一个字母往往大写。

图 2-2　类图 (UML)

从上面对类和对象的定义进行分析，可以发现类与对象的关系如下：

类（Class）是对象的设计蓝图。对象（Object）是根据类所建造出来的实例（Instance），它们之间的关系就好比楼房按照设计蓝图进行建造一样，如图 2-3 所示。

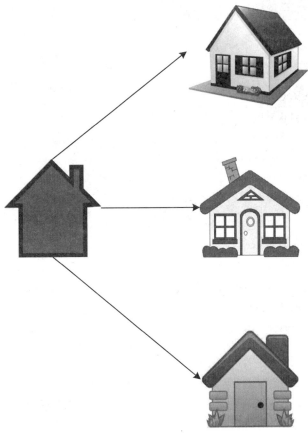

图 2-3　类图形象化

　　蓝图就是设计的类,而按照蓝图生成的房子,就是根据设计的类而创建的对象,那么在面向对象设计中,只要把真实世界的物品,以 Class 表现出来。所以说,面向对象的程序设计就是 Class 的设计。

　　知道了类和对象的关系,接下来来看看类包含哪些内容。

2.2　类的属性和方法

　　面向对象的编程就是要在程序中实现对象的各种特性。类描述了一组具有相同属性和行为的对象。对象是类的实例(instance)。

　　类也是一种数据类型。每个类都描述了一组特定的数据。类这种数据类型统称为引用类型(reference type)。在学习类的过程中,要逐步掌握如何使用引用类型。

　　Car 类操作代表的就是可以向 Car 类的实例发送的消息,如示例代码 2-1 所示:

```
示例代码 2-1    包含操作的 Car 类

public    class    Car
{
    // 成员变量
    String    myRegNo;
    String    myMake;
    int    myYear;
    int    mySpeed;
    // 构造函数
    public    Car(){}// 无参数构造函数
    public    Car (String    regNo,String    make,int    year,int    initSpeed){}
// 带有参数的构造函数
//Car 类的操作
void    start(){}        // 启动
void    speedUp(int    increase){}// 加速
void    slowDown(int    increase){}// 减速
void    stop(){}            // 停车
}
```

若操作以这种形式出现在源程序中,就要使用编程语言中的概念了。在 Java 语言中称这些操作为方法(Method),方法可以带有参数(parameter)。参数是客户端对象在向服务器对象发送消息时所附带的数据。参数在方法名后头的括号内定义,每个参数都有相应的数据类型和参数名。例如 void speedUp(int increase)、void   slowDown(int increase) 都带有参数, void start()、void stop() 没有带参数。

对象的接口(interface)描述了可以发送给对象的消息。在对象以外必须通过接口中定义的方法来与对象进行通信,而且除此以外没有其他方法可以与对象进行通信。

把隐藏在接口之后的源程序称作类的实现,本章下面小节中会讲到如何编程实现一个类。

现在是用预定义类中的一个实例来接收消息。在这种情况下,所写的程序为客户端,而接受消息的对象是服务器。也就是说编写一个客户端程序。

在主函数 main() 中,有一个叫做 theCarOfGreta 的汽车对象(下面会学到怎么创建对象)。在对象名后面写上方法的名称就可以向这个对象发送消息了。对象名和方法之间使用“.”分隔。下面这条语句向汽车发送一条“启动”消息:

```
theCarOfGreta.start();
```

这是向汽车发送“加速”消息的语句:

```
theCarOfGreta.speedUP(30);
```

这条语句中有一个数值 30 和消息一起发送,这与该方法内的定义相符。这里需要注意如下几点。

实参:随消息一起发送的是一个整型(int)。把这数叫做实参,即:实参是指调用方法时作为参数的数据。

方法的调用:给对象发送消息的过程叫做调用。

方法的返回类型:如果向方法发送消息,需要方法返回数据,那么必须给方法指明返回数据的数据类型。

如果被调用的方法要给客户端一个回应,就要使用返回值,把返回的数据类型称作方法的返回类型(return type)。方法的返回类型要放在方法名的前面进行说明。如果返回类型为 void,则表示方法不返回任何数据。在这个例子中,所有方法的返回类型均为 void。

2.3　对象的实例化

构造方法(constructor)就是用来构造类实例的方法。

> 注意:
> 不能为构造方法定义返回类型,而且构造方法的名字始终与类名一致。

如下就是一个没有参数的构造方法:

```
public    Car() {}
```

下面是一个带有四个参数的构造方法:

```
Public Car(String regNo,String make,int year,int initSpeed){}
```

构造方法的四个参数主要是对 Car 的四个属性 regNo、make、year 和 initSpeed 进行赋值。

通常,使用关键字 new 来调用构造方法,从而创建一个类的实例,例如下面这条语句就创建了一个 Car 类的实例:

```
Car    theCarOfGreta=new    Car("VD-12345","volvo",1998,0);
```

图 2-4 表现的是计算机为刚刚建立的 Car 类实例分配内存空间的情况。变量 theCarOfGreta 在图中用一个带箭头的矩型小块表示。这个变量存放的是引用(reference)。引用实际上是一个内存的地址,它指向存放实际数据的内存区域。圆圈代表的就是对象。类的每一个实例中的各项属性值都存于计算机内存中,对象所提供的方法也被存在内存中。

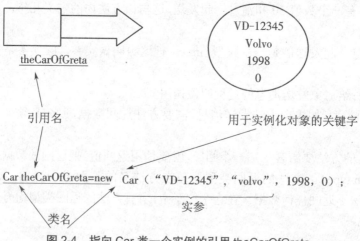

图 2-4   指向 Car 类一个实例的引用 theCarOfGreta

完整的客户端程序如示例代码 2-2 所示：

示例代码 2-2   客户端 CarTrip 类

```
package chapter02;
class   CarTrip{
    public   static   void   main(String[]   args){
        Car   theCarOfGreta=new   Car("VD-12345","volvo",1998,0);
        theCarOfGreta. start();
        theCarOfGreta. speedUp(50);
        theCarOfGreta. slowDown(20);
        theCarOfGreta. stop();
        }
    }
```

注意：
引用类型的变量名,就是指向类的一个实例的引用名。为简单起见,认为这个引用的名字就是对象的名字。

下面两条语句中,theCarOfGreta、theCarOfAnne 分别引用不同的对象。

```
Car   theCarOfGreta=new   Car("VD-12345","volvo",1998,0);
Car   TheCarOfAnne=new   Car("VD-12346","Benz",1998,0);
```

引用就是一个指向的对象的地址,既然是一个地址,那么它也可以通过赋值改变该引用。例如:

如果要使 theCarOfGreta、theCarOfAnne 都指向同一个对象,如: theCarOfAnne 引用的对象,一开始,每个 Car 对象都有一个引用与之对应,那么可以使用如下的方法完成如图 2-5 所示引用。

```
Car    theCarOfGreta=new    Car("VD-12345","volvo",1998,0);
Car TheCarOfAnne=new    Car("VD-12346","Benz",1998,0);
theCarOfGreta=theCarOfAnne；
// 如上第三条语句,把 theCarOfAnne 引用赋给 theCarOfGreta,这样 theCarOfGreta
// 和 theCarOfAnne 都引用同一个对象了
```

执行了语句 theCarOfGreta=theCarOfAnne; 后,就变成了这样:

　　　　theCarOfGreta　　　　　　　　　　　　　　theCarOfAnne

图 2-5　把一个引用赋值给另外一个引用

　　既然引用变量可以引用对象,那么也就可以不引用对象,怎么是引用变量不引用对象,用如下方法:

```
Car theCarOfGreta=null;
```

　　引用变量不引用对象,任何方法要使用这个引用所指向的对象时,程序都会产生一个访问空指针异常(NullPointerException),同时程序的执行就会终止。
　　实例化一个对象:

```
ClassName    nameOfInstance=new className(listOfArguments);
// 即:类名    实例名 =new 类名 ( 参数列表 )
```

　　对于对象的实例化时,参数列表中实参的个数及类型必须与构造方法的形参相一致。实参可以是常数、表达式、变量,如果是变量,则变量的名字和形参的名字可以不一样。
　　方法调用:

```
nameOfinstance.nameOfMethod(lisOfArgements)
// 即:实例名 .方法名 ( 参数列表 )
```

　　要求实参的数据类型与形参的数据类型保持一致的含义是:数据类型并不一定完全一样,只要实参的数据类型能够自动转换成形参的类型就可以了,例如:

```
void    increasePrice(double increase)
// 而以下的调用情况也是正确的:
    obj.increasePrice(20);// 实参的"类型为 int 型,可以自动转换为 double 类型
    obj.increasePrice(12.50);
```

因此,凡是比 double 类型取值范围小的类型数据,均可以作为这个方法的参数。

2.4　类

知道了类的属性和方法,那么接下来看看一个类具体是怎么被设计的。

类是 Java 中的一种重要的复合数据类型,是组成 Java 程序的基本要素。它封装了一类对象的属性和方法,是这一类对象的原型。

设计类是面向对象的核心,使用类编写程序体现了利用构件来完成程序开发的原则。使用类有以下几点好处:

把问题细分成若干个部分(类),可以在开发时集中解决问题的某个方面,每个类独立于其他类,仅处理与自己有关的问题。这种开发方式可以使集中力量解决问题的某个方面,而暂时忽略其他方面,从而简化了问题。

多个人可以合作解决一个问题,每人可以独立地处理某一方面问题。

可以对构件进行独立的测试和修改。可以一次仅编写一个类,在测试通过后才开始编写下一个。通过使用构件,可以及早发现并解决问题。只要不修改类的接口,改变类的实现是不会影响其他类的。

经过认真设计与实现,可以编写出通用的构件,并在以后的工作中重用这些构件。Java 语言中提供的类就是可重用构件的例子,自己也可以建立自己的类库。

在程序设计中使用类有利于专注于处理问题的一个方面,当综合了多个类之后,就可以很灵活地解决复杂问题了。有经验的开发人员往往会在如何定义类、如何确定每个类的功能上仔细斟酌。不同的类具有不同的属性和操作,而在设计类时,应该让不同的类具有一定的差异。

在设计类之前,首先应明确解决的问题中各个组成部分分别具有什么特性。使用类来抽象那些具有相同属性和操作的对象。因而,面向对象的编程应该从分析如何将现实问题抽象成对象开始。

使用一个有关装修房子的问题作为示例。通常来说,要出的问题就是模型中的对象,知道,对象往往是一个名词(事物)。

假设,要用面向对象语言解决房子装修,计算装修费用的问题,可以分析出在装修问题中,应该包含以下几种对象:

整间公寓

地板

墙

墙纸

油漆

为了完成装修,需要了解以下一些信息:

墙及地板的长、高、宽

每卷墙纸的长和宽

地板材料的宽

每种材料的价格（单价）

需要计算出以下一些数据

墙和地板的面积

每面墙需要多少卷墙纸

粉刷一面墙或地板需要多少升油漆

完成每项任务需要多少钱

接下来要做的就是：分析问题所涉及的每个对象，定义各对象所包含的信息及其计算能力，对象的划分一定要遵循一个原则，即每个对象均应尽可能地独立于其他对象。

需要为问题中涉及的每一种对象创建一个类，下面的类图 2-6 就是一种划分类的方案。

Surface
-name
-length
-width
+getName()
+getLength()
+getWidth()
+getArea()
+getCircumference()

Flooring
-name
- price
-widthOfFlooring
+getName()
+getPricePerm()
+getWidth()
+getNoOfMecers()
+getTatalPrice()

Paint
-name
-price
-noOfCoats
-noOfSqMperLiter
+getName()
+getPricePerLiter()
+getNoOfCoats()
+getNoOfSqMperLiter()
+getNoOfLiters()
+getTotalPrice()

Wallpaper
-name
-price
-lengthPerRoll
-widthPerRoll
+getName()
+getPricePerRoll()
+getLengthPerRoll()
+getWidthPerRoll()
+getNoOfRolls()
+getTotalPrice()

图 2-6　分析装修问题时用到的类图 (UML)

下面分析一下这种方案：

首先类中应包含系统所需要的各种信息。这些信息通常被定义为类的属性。

墙有长和高，地板有长和宽，客户端程序应该可以访问这些信息。粉刷时，程序应该知道墙和地板的面积。因而，客户端也应该可以得到墙和地板的面积。

由此可见，墙壁和地板并没有太大的区别，可以将这些抽象成一个类——Surface 类。有了这一结论，便可以简化许多工作，当然还可以在 Surface 类中加入其他操作，如计算周长。为了便于学习，还会在类中不断加入新操作。将会使这个类具有更高的可用性。

地板材料对象应包含的信息有其宽及每米的价格。油漆对象则应包括价格、每升油漆能粉刷的面积和建议粉刷的层数。墙纸对象中应有长、宽以及价格。

最难决定的问题是当计算涉及多个对象的时候，应由哪个对象来完成计算，是由墙纸对象来计算所需墙纸的卷数还是由墙对象来计算好？如果由墙纸对象来完成计算，该对象就需要知道墙的大小，若由墙对象来进行计算，墙对象就必须知道每卷墙纸的长和宽，如果需要计算，还要知道墙纸的单价,这两种方法都可以完成计算。这里选择由墙纸对象来完成计算。程序会向墙纸对象提供这样的问题:"要为一面长 5 米,宽 2.3 米的墙贴壁纸需要多少卷? 花费多少?"Wallpaper 类要实现"计算所需壁纸的卷数"和"计算总价"这两个方法,并分别起名为getNoOfRolls( ) 和 getTotalPrice( )。

下面学习油漆和地板材料类。用油漆类计算粉刷给定面积的墙所需油漆的升数。用地板类计算需要多少米地板就可以铺满一个房间。

2.4.1　编写实现类

由于上面的分析是对整个需求进行的分析,实现的时候,先只实现 Surface 类,在这个类中,来研究类是如何声明并且如何实现的。

还会编写一个 FloorCalculations 类,在这个类中,主要包含一个 main 主方法,在这个主方法中调用 Surface 类的一些方法。先看看 Surface 类的代码,如示例代码 2-3 所示:

示例代码 2-3　包含操作的 Surface 类

```java
package chapter02_01;
class  Surface  {
private  String  name;//for  identification  purposes
private  double  length;
    private  double  width;
    public Surface(String name, double length, double width) {
super();
this.name = name;
this.length = length;
this.width = width;
    }
    public  String  getName(){
       return  name;
    }
public  double  getLength(){
   return  length;
    }
public  double  getWidth(){
   return  width;
    }
public  double  getArea(){
return  width*length;
      }
public  double  getCircumference(){
    return 2*(length+width);
    }
}
```

在上面的代码中,可以知道,声明类的格式如下:

> Class className
>   {······}

其中,class 是关键字,在 class 前可以加上修饰符 public、abstract、final 来说明类的属性,className 为类名。这个是最简单的类的声明,在后面的学习过程中,类声明也会变得复杂起来。

现在,来分析一下,Surface 类,如图 2-7 所示。

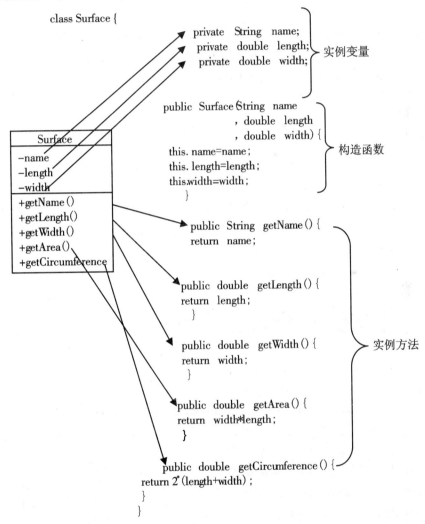

图 2-7 类图与类声明之间的对应关系

代码中的 public 和 private 关键字是访问修饰符,public 表示对象外的程序能够访问该方法或属性,private 关键字表示对象外的程序不能访问该方法或属性。具体的讲解会在后面详细介绍。

类中的变量反映了对象的属性。如果是基本数据类型,在没有给变量赋值时,其初始值都是 0。属性代替对象中包含的数据。通常将这类变量称作实例变量（instance variable）或属性（attribute）。因为这些变量在每个类的实例中都可以有不同的值。

对象提供的操作就是实例方法（instance method）。

```java
public double getWidth(){
    return width;
}
```

实例方法可以直接使用该对象的全部实例变量，上面的实例方法 getWidth 就使用了实例变量 width。

方法的声明就是由方法头和方法体组成。上面代码：public double getWidth( ) 就是一个方法头。在使用方法的时候，只需要知道方法头就可以了。在方法头中，可以定义一组参数，也可以没有参数，就像上面的代码 getWidth( )。

这样可以给出方法的定义格式：

访问修饰符	返回类型	方法名 (参数列表)

方法声明包括方法名、返回类型和外部参数。其中参数的类型可以是简单数据类型，也可以是复合数据类型（又称引用数据类型）。

对于简单数据类型来说，Java 实现的是值传递，方法接受参数的值，但不能改变这些参数的值，如果要改变参数值，则用引用数据类型，因为引用数据类型传递给方法的是数据在内存中的地址，方法中对数据的操作可以改变数据值。

关于数据类型，会在后面的章节讲解。

已经定义好上面的 Surface 类，接下来定义一个 FloorCalculations 类，如示例代码 2-4：

```java
示例代码 2-4  改变数据值的 Floor Caloulations 类

public class FloorCalculations {
    public static void main (String[] args){
            // 步骤 1：创建 Surface 类的一个对象
            Surface aFloor=new Surface("Mary's floor",4.8,2.3);
        // 步骤 2：提取对象的数据，并计算对象的面积与周长
        String name=aFloor.getName();
        double width=aFloor.getWidth();
    double length=aFloor.getLength();
    double area=aFloor.getArea();
    double circumference=aFloor.getCircumference();
    /* 步骤 3：将获得的结果显示在屏幕上 */
    System.out.println("Information about the floor with the name:"+name);
```

```
        System.out.println("Width:"+width);
        System.out.println("Length:"+length);
        System.out.println("Area:"+area);
        System.out.println("Circumference:"+circumference);
            }
    }
```

运行结果如图 2-8 所示。

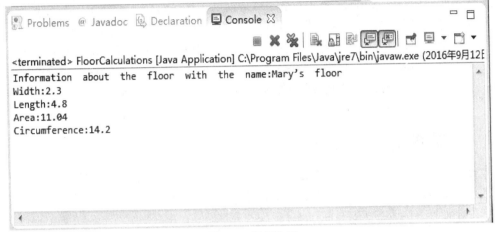

图 2-8　运行结果

在上面的代码中,首先构造了一个对象,代码如下:

```
    Surface   aFloor=new   Surface("Mary's   floor",4.8,2.3);
```

可以看到在实例化的时候,加了三个参数:"Mary's   floor",4.8,2.3。

那么当进行实例化的时候,这三个参数的值就赋值给了对象的三个实例变量。

构造方法中执行了以下三条语句:

```
        this.name = name;
        this.length = length;
        this.width = width;
```

执行完这三条语句后,由实参带入的初值就赋值给了对象的实例变量。

这样,程序就创建了一个名为 aFloor 的对象,下面这条语句向 aFloor 对象发送了一个消息。相当于向 aFloor 要一个它的姓名,代码如下:

```
    String   name=aFloor.getName( );
```

aFloor 对象得到这个消息后(程序调用了该对象的 getName 方法),程序就进入 Surface 类中运行,在该方法中只有一个语句:

```
return   name;
```

该语句把 aFloor 的 name 变量中的值返回给程序。在 main 主方法中,方法的返回值被存放在一个叫 name 的变量中。

后面的程序也会按照这样的流程执行,直到程序结束。

2.4.2   访问修饰符 private 和 public

可以看到前面的代码中,每个实例变量前有一个访问修饰符 private。使用 private 访问修饰符意味着这些变量在 Surface 类之外是不可访问的。构造方法和方法前面都有 public 访问修饰符,这表明它们可以被 Surface 类以外的程序调用。

在实例变量前使用 private 修饰符,而在方法上使用 public 修饰符,让类外的程序只有通过方法才能访问实例变量,这样就可以提高数据的安全性。如果没有给这些变量或方法指定 private 或 public 修饰符,那么这些成员只能被这个类所在的包中的所有类访问,称其为包内访问。

2.4.3   构造方法

从上面了解到,在实例化一个对象的时候,需要一个构造方法,那么类的构造方法具体是如何定义的呢,为什么有的构造方法是带参数的。而有的没有? 这里作一个简单的了解。

在看看前面的构造方法的写法:

```
public Surface(String name, double length, double width) {
    super();
    this.name = name;
    this.length = length;
    this.width = width;
}
```

可以发现,该方法的名字与类名相同,而且没有返回类型。

在上面的构造方法中,可以发现该方法主要是用来初始化类中的成员变量的。在创建一个类对象时,new 运算符调用该类的构造方法以执行初始化工作。

在程序实例化类的一个对象时,可以在类名右边的括号中提供初始化值,他们将作为参数传递给类的构造方法,如代码

```
Surface   aFloor=new   Surface("Mary's   floor", 4.8, 2.3);
```

当程序执行到这句语句的时候,程序就会执行 Surface 的构造方法,然后执行该方法中的语句。

```
    this.name = name;
    this.length = length;
    this.width = width;
```

执行好该语句后,对象的成员变量初始化工作就做好了。

在 Java 中,要求每个类至少有一个构造方法,因此,如果没有为类声明构造方法,则编译器会创建一个没有参数的默认构造方法。类的默认构造方法将初始化该实例变量。

当然,也可以自己创建一个无参的构造方法。

但是要注意,如果为类声明了任何一个构造方法,Java 将不会为该类创建默认的构造方法。

所以在上面的 Surfae 类中,如果这样实例化 Surface 类是错误的,因为,没有提供无参数的构造方法。

```
Serface  aFloor=new  Surface( );
```

要使程序能够不带参数实例化 Surface,要为类添加一个无参的构造方法,为 Surface 类提供的一个无参的构造方法,如示例代码 2-5 所示:

```
示例代码 2-5    包含无参构造方法的 Surface 类
package chapter02_01;
class  Surface  {
private  String  name;//for  identification  purposes
private  double  length;
private  double  width;
public Surface() {
    name="unknow";
    length=0;
    width=0;
    }
public Surface(String name, double length, double width) {
    super();
    this.name = name;
    this.length = length;
    this.width = width;
    }
public  String  getName(){
        return  name;
    }
public  double  getLength(){
    return  length;
    }
```

```java
public   double   getWidth(){
    return   width;
  }
public   double   getArea(){
    return   width*length;
  }
public   double   getCircumference(){
    return 2*(length+width);
  }
}
```

在上面的代码中,发现有两个构造方法,它们的名字是一样的,但是参数不同,把这种有多个相同构造方法的现象称为构造方法的重载,方法的重载将在本书后面的章节重点讲解。

2.5　垃圾回收

当对象被创建时,会在 Java 虚拟机的堆区拥有一块内存,在 Java 虚拟机的声明周期中,Java 程序会陆续地创建无数个对象,假如所有的对象都永久占有内存,那么内存有可能很快被消耗光,最后引发内存空间不足的错误。因此,必须采取一种措施来及时回收那些无用对象的内存,以保证内存可以被重复利用。

在一些传统的编程语言(如 C 语言)中,回收内存的任务是由程序本身负责的。程序可以显式地为自己变量分配一块内存空间,当这些变量不再有用时,程序必须显式地释放变量所占用的内存,把直接操纵内存的权利赋给程序,尽管给程序带来了很多灵活性,也会导致以下弊端:

程序员可能因为粗心大意,忘记及时释放无用变量的内存,从而影响程序的健壮性。

程序员可能错误地释放核心类库所占用的内存,导致系统崩溃。

在 Java 语言中,内存回收的任务由 Java 虚拟机来担当,而不是由 Java 程序来负责。在程序的运行环境中,Java 虚拟机提供了一个系统级的垃圾回收器线程,它负责自动回收那些无用对象所占用的内存,这种内存回收的过程被称为垃圾回收(Carbage Callection)。

垃圾回收具有以下优点:

把程序员从复杂的内存追踪、检测和释放等工作中解放出来,减轻程序员进行内存管理的负担。

防止系统内存被非法释放,从而使系统更加健壮和稳定。

垃圾回收具有以下特点:

只有当对象不再被程序中的任何引用变量引用时,它的内存才可能被回收。

程序无法迫使垃圾回收器立即执行垃圾回收操作。

当垃圾回收器将要回收无用对象的内存时,先调用该对象的 finalize() 方法,该方法有可能使对象复活,导致垃圾回收器取消回收该对象的内存。

1. 对象的可触及性

在 Java 虚拟机的垃圾回收器看来,堆区中的每个对象都可能处于以下三个状态之一。

可触及状态:一个对象(假定为 Sample 对象)被创建后,只要程序中还有引用变量引用它,那么它就始终处于可触及状态。

可复活状态:当程序不再有任何引用变量引用 Sample 对象时,它就进入可复活状态,在这种状态中,垃圾回收器会准备释放它占用的内存,在释放之前,会调用它及其他处于可复活状态的对象 finalize() 方法,这些 finalize() 方法有可能使 Sample 对象重新转到可触及状态。

不可触及状态:当 Java 虚拟机执行完所有可复活对象的 finalize() 方法后,假如这些方法都没有使 Sample 对象转到可触及状态,那么 Sample 对象就进入不可触及状态,只有当对象处于不可触及状态时,垃圾回收器才会真正回收它占用的内存。对象的状态转换过程,如图 2-9 所示。

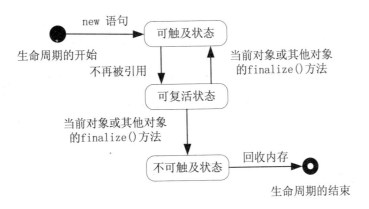

图 2-9　对象的状态转化

以下 method() 方法先后创建了两个 Integer 对象。

```
public  static  void  method(){
    Integer  a1=new  Integer(10);// ①
    Integer  a2=new  Integer(20);// ②
    a1=a2;// ③
    }
  public  static  void  main(String[]  args){
    method();
    System.out.println("End");
  }
```

当程序执行完③行时,取值为 10 的 Integer 对象不再被任何变量引用,因此转到可复活状态,取值为 20 的 Integer 对象处于可触及状态,它被变量 a1 和 a2 引用。

当程序退出 method() 方法并返回到 main() 方法时,在 method() 方法中定义的局部变量 a1

和 a2 都将结束生命周期。堆区中取值为 20 的 Integer 为对象也将转到可复活状态。

2. 垃圾回收的时间

当一个对象处于可复活状态时,垃圾回收线程何时执行它的 finalize() 方法,何时使它转到不可触及状态,何时回收它占用的内存,这对于程序来说都是透明的。程序只能决定一个对象何时不再被任何引用变量引用,使得它成为可以被回收的垃圾。这就像每个居民只要把无用的物品(相当于无用的对象)放在指定的地方,清洁工人就会把它收拾走一样,但是,垃圾什么时候被收走,居民是不知道的,也无须对此了解。

站在程序的角度,如果一个对象不处于可触及状态,就可以称它为无用对象,程序不会持有无用的对象的引用,不会再使用它,这样的对象可以被垃圾回收器回收。一个对象的生命周期从被创建开始,到不再被任何变量引用(即变为无用对象)结束。在本书其他章节提到对象的生命周期。如果未做特别说明,都沿用这个含义。

垃圾回收器作为低优先级线程独立运行,在任何时候,程序都无法迫使垃圾回收器立即执行垃圾回收操作,在程序中可以调用 System.gc() 或者 Runtime.gc() 方法提示垃圾回收器尽快执行垃圾回收操作,但是这也不能保证调用完该方法后,垃圾回收线程就立即执行回收操作,而且不能保证垃圾回收线程一定会执行这一操作。这就相当小区内的垃圾成堆时,居民无法立即把环保局的清洁工人招来,令其马上清除垃圾一样,居民所能做的是给环保局打电话,催促他们尽快来处理垃圾。这种做法仅仅提高了清洁工人尽快来处理垃圾的可能性,但仍然存在清洁工人过了很久才来或者永远不来清除垃圾的可能性。

2.6　小结

- ✔ 建立类的概念,理解现实生活中的对象和程序中的对象。
- ✔ 类的定义形式,类的成员包括:属性、方法、构造方法。
- ✔ 使用 new 关键字创建类的对象,在创建对象时将调用构造方法。
- ✔ 对象变量存放的是引用,引用实际上是实例对象在内存中的地址。
- ✔ 垃圾回收线程用于回收内存中不再使用的对象。

2.7　英语角

object	对象
attribute	属性
method	方法
instance	实例
reference	引用
private	私有

public	公有
garbage　collection	垃圾回收

2.8　作业

1. 请编写一个类包含方法 int max(int,int) 有两个 int 型参数,找出两数中最大值并返回。编写 main 方法进行测试。

2. 参照本章理论部分的内容编写一个汽车类 Car。

2.9　思考题

1. 类和对象的关系是什么?

2. 什么是引用?

2.10　学员回顾内容

1. 类的定义。

2. 方法和属性。

3. 生成对象。

4. 对象的引用。

第 3 章 数据类型

学习目标

◇ 了解 Java IDE 开发环境 Eclipse。

◇ 理解数据类型转换。

◇ 掌握基本数据类型、操作符、字符。

课前准备

Java 基本数据类型。

Java 语言操作符。

字符串对象。

数据类型转换。

基本类型数组和引用类型数组。

Eclipse 简介。

本章介绍

在讲解 Java 中数据和变量之前,先来看生活中的一个示例,假设要对学校的教室进行装修,打算更换几间屋子的地板、重新粉刷几面墙并给另外几面墙贴上壁纸,

那么,需要计算以下一些数据:

☆粉刷一面墙或者给一面墙贴壁纸需要多少钱?

☆需要多少平方米的地板。

☆装修每面墙、每个房间的地板以及整个学校需要多少钱?

从上面的示例中,可以发现,如果要编写一个程序计算需要装修多少平方米的地板,需要让程序解决以下一些问题:

(1)程序要做什么?期望得到什么结果?所期望的结果就是程序在屏幕上输出的内容,把这些输出的内容称为输出数据(output data)。注意,称其为输出结果是从计算机角度来看的,是计算机程序输出。那么这个问题的答案就是,计算机需要计算面积,输出计算好的面积。

(2)为了让程序能够计算出这个结果,计算机需要一些用以计算的数据?即程序的使用者要从键盘上输入的数据。由于计算机程序需要读入这些数据,所以称之为输入数据(input data)。这个问题的答案是:计算矩形面积的公式为长乘宽,因此,输入数据应是以米为单位的矩形的长和宽。

(3)在输入数据后,输出数据前,程序应该完成什么操作?就是根据长乘宽的公式,把面

积计算出来。

通过上面的分析,可以知道,解决上面问题,先要程序接收输入数据,然后根据公式进行计算,然后把结果输出到屏幕上。

在 Java 语言中,像输入长和宽这两个数的操作是比较复杂的,所以,先在程序中直接写上这两个数据。如果需要计算多面墙的面积,就必须每次编写代码修改长和宽的值,再重新编译运行 , 如示例代码 3-1 所示:

示例代码 3-1　编写 Surface 实体类并创建测试类输出墙体面积结果

```java
package chaptet03;
class  Surface  {
    private  String  name;
    private  double  length;
    private  double  width;
    public Surface(String name, double length, double width) {
    super();
    this.name = name;
    this.length = length;
    this.width = width;
    }
    public  String  getName(){
        return  name;
}
    public  double  getLength(){
        return  length;
}
    public  double  getWidth(){
      return  width;
}
    public  double  getArea(){
      return  width*length;
}
    public  double  getcircumference(){
      return 2*(length+width);
}
    }
    class  WallCalculations  {
    public  static  void  main  (String[ ]  args){
        Surface awall=new  Surface("Mary",3,5);
        System.out.println(" 墙的面积为 :"+awall.getArea()+" 平方米 ");
    }
    }
```

运行结果如图 3-1 所示。

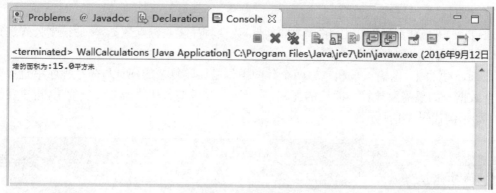

图 3-1　运行结果

运行程序时,语句会按照其在源程序中出现的顺序一条条依次执行。这一过程叫做顺序执行。

在上一章已经知道了 main 主方法的作用。程序在运行时会在计算机内存中为 aWall 对象分配一片空间。把数据放在这个对象的空间中。

在这里,开辟出来的内容空间存放变量值,而把该变量的标识称为变量名,如上代码的 length 就是变量名,每个变量中只有能有一个值。那么 length 中的值就是 3。

可以知道上面的程序中用到了 2 个变量,并且每个变量都有各自的值,如图 3-2 所示。

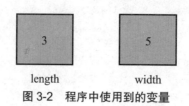

length   width

图 3-2　程序中使用到的变量

上面的代码中,程序在创建了变量 length 和 width 并为其赋值后,就可以计算面积了,调用 aWall 对象的 getArea 方法得到了面积,并把该面积输出。

在程序中,在变量之前要为其定义数据类型,从而说明变量中的内容是什么。在上面的代码中,变量 length、width 都是 double 类型,即这两个变量中的数据为小数,那么在 Java 中还有哪些数据类型呢? 接下来就介绍 Java 中的数据类型。

基本数据类型

Java 语言是一种严格的"类型化"语言,这意味着每个变量都必须有一个声明好的类型。Java 语言提供了八种基本类型,六种数字类型(四个整数型,两个浮点型),一种字符类型,还有一种布尔类型。Java 另外还提供大数字对象,但它不是 Java 的基本数据类型。

1. 整数

定义:没有小数部分的数字,负数是允许的。

分类:Java 提供四种整数类型。

int	4 个字节	-2,147,483,648 到 2,147,483,647
short	2 个字节	-32,768 到 32,767
long	8 个字节	-9,223,372,036,854,775,808L 到 9,223,372,036,775,807L
byte	1 个字节	-128 到 127

示例:

```
int i;// 声明一个 int 型变量
long l=3L;// 声明一个 long 型变量并初始化
byte b=65;// 声明一个 byte 型变量并初始化
```

注意:
如果数学表达式中都是整数,那么表达式的返回值只有可能是 int 类型或 long 类型,要转化 byte 类型需要使用(byte)进行强制类型转换。

2. 浮点数

定义:含有小数部分的数字。

分类:Java 提供两种浮点数

float　　　　4 个字节　约 ±3.40282347E+38F(7 个有效的十进制数位)

double　　　8 个字节　约 ±1.79569313486231570E+308(16 个有效数位)

示例:

```
flaot=12.3F ;// 声明一个 float 型变量并初始化
double   d;// 声明一个 double 型变量
d=3.1415 ;// 给变量 d 赋值
```

注意:
1)float 类型的数值有个后缀:F,如果没有后缀 F,那么默认为 double。Double 类型的数值也可以使用后缀 D。
2)当这些数字遇到取值范围错误时,会发生上溢(Overflow),而在遇到像被零除时,会发生下溢(Underflow)

3. 字符类型

char 类型用于表示单个字符。用一对单引号界定的单个字符表示 char 常量。

示例:

```
char   ch='A';// 声明一个 char 型变量并初始化
char   ch2=' 中 ';// 这是一个中文字符
```

注意：

1）双引号则表示一个字符串，并不是基本数据类型。

2）char 类型表示 Unicode 编码方案中的字符。

Unicode 可同时包含 65536 个字符 ASCII，ANSI 只包含 255 个字符，实际上是 Unicode 的一个子集，Unicode 字符串通常用十六进制编码方案表示，在范围 \u0000 到 uFFFF 之间。\u0000 到 u00FF 表示 ASCII/ANSI 字符串。\u 表示这是一个 Unicode 值。

3）在 Java 中除了用这个 \u 形式来表示字符外，还可以使用换码序列来表示特殊字符：

\b　退格（\u0008）；\t　Tab 制表（\u0009）；\n　换行（\u000a）；\r　硬回车（\u0000d）；\"　双引号（\u0022）；\'　单引号（\u0027）；\\　反斜杠（\u005c）

4）理论上在 Java 的应用程序和小应用程序中使用 Unicode 字符，但至于他们是否能真正显示出来，却要取决于使用浏览器和操作系统，其中操作系统是最根本的。

4. 布尔类型

boolean 类型只有两个值：false 和 true。

```
boolean   bool=true;// 声明一个 boolean 变量并初始化
```

引用数据类型

引用类型可以分为类引用类型、接口引用类型（后面章节将详细讲解）、数组引用类型（后面章节将详细讲解）。以下代码定义了 3 个引用变量：Surface、myTheread 和 intArray。

示例：

```
Surface   aWall;// 类引用类型
Java.lang.Runnable   myTheread;// 接口引用类型
Int[]   intArray;// 数组引用类型
```

该示例中 myThread 之所以是接口引用类型是因为就 java.Lang.Runnable 是接口，而不是类。

引用类型的变量引用这个类或者其自己类的实例，接口引用类型的变量引用实现了这个接口的类的实例，数组引用类型的变量引用这个数组类型的实例。在 Java 语言中数组也被看成是对象，不管何种引用类型的变量，它们引用的都是对象。如果引用类型变量不引用任何对象，就给其赋值 null。在初始化时经常给引用类型变量赋 null 初值。如下所示：

```
Surface   aWall=null;// 类引用类型
```

下面来学习引用类型和基本类型的区别。

基本类型代表简单的数据类型，如整数、字符 , 引用类型所引用的实例表示任一种复杂的数据结构。

基本类型仅表示数据类型，而引用类型所引用的实例除了表示复杂的数据类型以外，还包括操纵这种类型的行为。如：字符串类型 String，它包含了字符串和操纵这种字符串的方法：Substring() 等。

　　Java 虚拟机处理引用类型变量和基本类型变量的方式是不一样的，对于基本类型的变量，Java 虚拟机会为其分配数据类型实际占用的内存空间；而对于引用类型的变量它仅仅是一个指向堆区中某个实例的指针。

　　当一个引用类型的变量被声明后，如果没有初始化，那么它不指向任何对象，Java 用 new 关键字创建对象，它有以下作用：

　　对象分配内存空间，将对象的实例变量初始化为其变量类型的默认值。

　　如果实例变量被显式初始化，那么就把初始化值赋给实例变量。

　　调用构造方法

　　返回对象的引用

　　下面是一个 Sample 类的源程序，如示例代码 3-2 所示：

示例代码 3-2　　创建 Sample 实体类的对象

```java
public class Sample {
    int   var1;
    int   var2=1;
    int   var3;
      public   Sample(){var3=3;}// 构造方法
      public   static   void   main(String   args[]){
      Sample   obj=new   Sample();
      }
    }
```

在示例代码 3-2 中，Java 虚拟机执行语句 Sample　obj=new　Sample(); 的步骤如下：

　　（1）为新的 Sample 对象分配空间，它所有的成员变量都被分配了内存空间，并自动初始化为其变量类型的默认值。如：var1、var2、var3 均初始化为 0。

　　（2）初始化 var2 变量为 1 值。

　　（3）调用构造方法，显式初始化 var3 为 3。

　　（4）将对象的引用赋给变量 obj，并且一个对象可以被多个引用变量引用，如下实例：

```java
Surface   aWall=new   Surface("Mary",3,5);
Surface   westWall=aWall;
```

该示例中 aWall 和 westWall 引用了同一个实例。

3.1 Java 操作符

众所周知,程序的基本功能是处理数据,来看如下程序段,定义了一个简单的方法: add() 这个方法对两个整型数据求和,在程序中变量表示数据,而 "+" 是操作符,操作符和所操纵的 数据构成了表达式,被操纵的数据也成为操作数。如:"a+b"构成表达式, a 和 b 是变量,"+" 是操作符,即:a、b 是"+"的操作数。

```
public int add(int a,int b){
int result=a+b;
    return result;
    }
```

任何编程语言都有自己的操作符,Java 语言也不例外,如: +、-、*、/ 等都是操作符,本节将 介绍操作符的使用。

3.1.1 操作符分类

根据操作对象的个数,操作符可分为:

一元操作符:要求一个操作数的操作符称为一元操作符,例如:"++"是使操作数加 1 的一 元操作符。

二元操作符:需要两个操作数的操作符称为二元操作符,如:"="是一个从右到左赋值的 二元操作符。

三元操作符:需要三个操作数的操作符。Java 语言只有一个三元操作符"?""∶""," 是 if ...else 的缩写或三元操作符。

根据操作符的功能,又可分为

一元操作符:如!、++、--、-、~

算术操作符,如:+、-、*、/、%

逻辑操作符,如:&&、||、&、| 、^

关系操作符:如:>、> =、<、<=、! =、= = 等

3.1.2 操作符的应用

1.算术操作符

操作符	用法	描述
+	op1+op2	把 op1 和 op2 相加
-	op1-op2	从 op1 减去 op2
*	op1*op2	op1 乘以 op2

操作符	用法	描述
/	op1/op2	op1 除以 op2
%	op1%op2	op1 被 op2 除的余

对于"/"操作符操作的两个元都是整数时,取结果的整数部分作为操作的结果。

对于"%"取操作结果的余数部分作为整个操作的结果。

"+"和"-"也可以作为一元操作符:

操作符	用法	描述
+	+op	如果是 byte、short 或 char,就提升为 int
-	-op	取负值

"++"和"--"的用法如下:

操作符	用法	描述
++	++op	给 op 加 1,在加 1 后赋值
++	op++	给 op 加 1,在加 1 前赋值
--	--op	给 op 减 1,在减 1 后赋值
--	op--	给 op 减 1,在减 1 前赋值

2. 关系操作符

操作符	用法	描述
>	op1>op2	如果 op1 大于 op2,则返回 true
>=	op1>=op2	如果 op1 大于或等于 op2,则返回 true
<	op1<op2	如果 op1 小于 op2,则返回 true
<=	op1<=	如果 op1 小于或等于 op2 则返回 true
==	op1==op2	如果 op1 等于 op2 则返回 true
!=	op1!=op2	如果 op1 不定于 op2,则返回 true

注意:

1)关系操作符的结果为 boolean 型数据(true 或 false)

2)==操作符只有在比较双方均完全一致时,其值为 true,如比较的是两个对象,即使两位对象的内容相同,结果也为 false,只有这两个对象为同一对象时才为 true。

3. 逻辑操作符

操作符	用法	描述
&&	op1&&op2	如果 op1 和 op2 都是真,则返回 true
||	op1||op2	如果 op1 或 op2 为真,则返回 true

操作符	用法	描述
!	! op	如果 op 为假,则返回 true
&	op1&op2	如果 op1 和 op2 都是真,则返回 true
|	op1 | op2	如果 op1 或 op2 为真,则返回 true

4. 移位操作符

操作符	用法	描述
>>	op1>>op2	右移 op1 op2 位,空位补 0,相当于 op1*2
<<	op2<<op2	左移 op2 op2 位,空位用原最高的位值补足,相当于 op1/2
>>>	op1>>>op2	右移 op1 op2 位(无符号移位),空位补 0
&	op1&op2	位与
|	op2|op2	位或
∧	op1 ∧ op2	位异或
~	~op2	位余

> 注意:
> 按位与“&”也可作为逻辑与使用,但未做优化,而“&&”操作符是经过优化的,对“｜”操作符也类似。

5. 赋值操作符

操作符	用法	等价于
+=	op1+ =op2	op1=op1+op2
- =	op1- =op2	op1= op1-op2
*=	op1*=op2	op1=op1*op2
/=	op1/=op2	op1=op1/op2
% =	op1%=op2	op1=op1%op2
&=	op1&=op2	op1=op1&op2
|	op1| = op2	op1=op1| op2
∧ =	op1 ∧ =op2	op1=op1 ∧ =op2
<<=	op1<<= op2	op1=op1<<=op2
>>=	op1>>= op2	op1=op1>>=op2
>>>=	op1>>>= op2	op1=op1>>>=op2

6. 三元符“? :”

其语法格式如下:

布尔表达式? 表达式 1: 表达式 2

操作符号 "？:" 的运算过程为：如果布尔表达式的值 true，就返回表达式 1 的值，否则返回表达式 2 的值。

三元操作符"？:"应用示例如下：

```
int    score=61;
String    result=score>=60？" 及格 ":" 不及格 ";
```

该示例显示："？:"相当于 if...else 语句：

```
int    score=61;
String    result=null;
if(score>=60)    result=" 及格 ";
else    result=" 不及格 ";
```

7. 逗号操作符

"，"可用于分隔语句。

```
Int x,y;
for(x=0, y=0;x>10;x++){…}
```

8. 字符串连接操作符"+"

操作符连接字符串,并且能够生成新的字符串。例如：

```
String    str1="How";
String    str2=" are";
String    str3=" you.";
String    str4=str1+str2+str3;//str4 中的数据为 "How    are    you."
```

在使用"+"操作符的时候，其中一个操作元为 String ,则另一个操作元可以是任意类型，并且操作元被转换成字符串。当一个操作元为 String,则另一个操作元可以是引用类型，该引用类型操作元就调用所引用对象的 toString 转换成字符串。

"+"操作的两个操作元都不是 String 类型,则"+ "加号操作的两个操作元都是除布尔类型的基本数据类型。

9. 操作符"= ="与对象的 equals() 方面比较

操作符"= ="用来比较两个操作元是否相等,这两个操作元既可以是基本类型,也可以是引用类型。

示例如下：

```
int    a1=1, a2=2;
boolean    b1=a1= =a2;//"= ="的操作元为基本数据类型,b1 变量的值为 false
String    str1="Hello",str2="word";
bollean    b2=str1= =str2;//"= ="的操作元为引用的类型,b2 变量的值为 false
```

在 java.lang.Object 类中定义了 equals() 方法,用来比较两个对象是否相等。本节将比较介绍:"＝＝" 和 equals() 方法。

（1）"＝＝"操作符

当操作符"＝＝"两边都是引用类型变量时,这两个引用变量必须都引用一个对象,结果才为 true。如示例代码 3-3 所示:

示例代码 3-3　操作符"＝＝"操作引用变量

```
public class Test1 {
    public static void main(String[] args) {
            Integer   int1=new   Integer(1);
            Integer   int2=new   Integer(1);
            Integer   int3= int1;//int3 和 int1 引用同一个对象
            int[]   arrary1=  new   int[1];
            int[]   arrary2=  new   int[1];
            int[]   arrary3=   array1;//array3 和 array1 引用同一个数组
            System.out.println("int1＝＝int2 is"+(int1＝＝int2));
            System.out.println("int1＝＝int3 is"+(int1＝＝int3));
            System.out.println("array1＝＝array2 is"+(array1＝＝array2));
            System.out.println("array1＝ ＝array3 is"+(array1＝＝array3));
    }
}
```

（2）对象的 equals() 方法

equals() 方法是在 Object 类中定义的方法,它的声明格式是: public　boolean　equals(Object obj)

其含义是:参数 abj 引用的对象与当前对象是同一个对象、同一个类的不同对象但属性值相等,就返回 true,否则返回 false。

如示例代码 3-4 所示:

示例代码 3-4　编写类测试 equals() 方法

```
public class Test2 {
    public static void main(String[] args) {
                        Integer   int1=new   Integer(1);
                        Integer   int2=new   Integer(1);

                        String   str1=new   String("123");
                        String   str2=new   String("123");
```

```
System.out.println(int1= =int2);// 打印 false
                    System.out.println(int1.equals(int2));// 打印 true
                    System.out.println(str1= =str2);// 打印 false
                    System.out.println(str1.equals(int2));

    }
}
```

该示例中：

Int1==int2 显然为 false，因为是不同对象；

Int1.equals(int2) 显然是 true，因为引用的两个对象虽然是不同的一个对象，但属性值相等。

10. instanceof 操作符

Instanceof 操作符用于判断一个引用类型变量所引用的对象是否是某个类的实例，instanceof 操作符左边的操作源是引用类型，右边的操作源是一个类名或接口名，形式如下：

```
Obj  instance  of  ClassName
// 或者
Obj  instanceof  InterfaceName
```

示例如下：

```
Dog  dog=new  Dog();// 假设 Dog 是已经定义的类
    Sastem.out.println(dog  instanceofXXX);//XXX 表示一个类名或接口名
```

一个类的实例包括类本身的实例，以及所有直接或间接的子类的实例，因此，该示例中 XXX 为以下值时，instanceof 表达式的值为 true。

Dog 类

Dog 类的直接或间接父类

Dog 实现的接口、以及所有父类实现的接口

3.1.3　Java 操作符的优先级和结合规则

Java 操作符的优先级：

一元 ＞ 算术 ＞ 移位 ＞ 关系 ＞ 按位 ＞ 逻辑 ＞ 三元 ＞ 赋值 ＞ 逗号

Java 操作符号的结合规则：

除一元、三元和赋值操作符是自右至左结合外，其他均自左至右结合，可以使用"()"来改变结合顺序。

3.2　Java 数据类型转换

　　Java 语言和其他语言一样,某些数据类型可以在不同的数据类型之间进行转换,下面将介绍 Java 基本数据类型转换。

　　在程序中并不要求一个运算的所有操作都具有相同的数据类型。若操作是具有不同的数据类型,则在计算之前程序会将各操作数自动转换成相同的数据类型,转换后的数据类型为参与运算的各数据类型中取值范围最大的那种。若无法完成数据的自动转换,程序会输出一条错误提示。

　　例如:若有一个操作数为小数,程序会将另一个操作数首先转换成小数,然后再进行计算。

```
double sum=5.6;
int number=2;
double average=sum/number;
```

　　这里变量 average 的值是由 5.6/2 计算得到,结果为 2.8。

　　有时要在程序中强制进行数据类型的转换,已经知道,整数间的除法运算,结果仍为整数(如 5/2=2)。但有时希望得到的数据是保留余数的运算结果,而不仅仅是商。那么就必须在进行除法运算之前,将其操作数转换成小数类型的数据。在需要转换的操作数前写上(double),就可以完成数据类型的转换。这种形式的类型转换称为强制类型转换。例如:

```
int    theNumberOfkids=10;
int    theNumberOfApples=4;
double applesPerKid=
(double)theNumberOfApples/(double)theNumberOfKids;
```

　　在这段程序执行完毕后,变量 applesPerKid 的值为 0.4。实际上,强制转换表达式中只需转换一个操作数的数据类型足够了,另一个操作数会自动进行转换。

　　在数据类型转换时,变量的值并不改变。变量 theNumberOfApples 的值还保持原来的值,只是变成了另一种数据类型。

　　从小数到整数转换,一定要使用强制类型转换。转换后的结果仅保留原小数中的整数部分而不是四舍五入后的结果。例如,2.8 和 2.3 强制转换成整数后的结果都是 2。

　　下面来看这样的例子,如示例代码 3-5 所示:

示例代码 3-5　　编写测试类型转换

```java
public class Test3 {
    public static void main(String[] args) {
        int    a=(int)1.7;
        int    b=(int)(1.6+1.7);
        int    c=(int)1.6+(int)1.7;
        System.out.println(a+" "+b+" "+c);
    }
}
```

输出结果如图 3-3 所示。

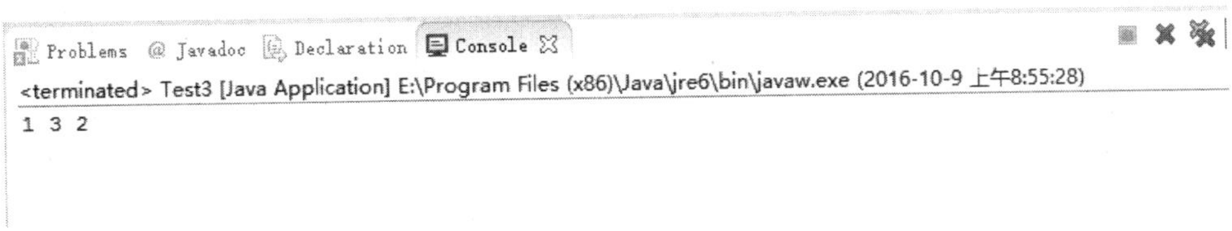

图 3-3　运行结果

如果想得到四舍五入后的结果,就应该先加上 0.5 再进行强制类型转换,如示例代码 3-6
所示:

示例代码 3-6　　编写类测试四舍五入的结果

```java
public class Test4 {
    public static void main(String[] args) {
        double    d1=3.2;
        double    d2=3.9;
        double    d3=4.0;
        double    d4=4.5;
        int    p=(int)(d1+0.5);
        int    q=(int)(d2+0.5);
        int    r=(int)(d3+0.5);
        int    s=(int)(d4+0.5);
        System.out.println(p+" "+q+" "+r+" "+s);
    }
}
```

运行结果如图 3-4 所示。

```
Problems  @ Javadoc  Declaration  Console  ✕

<terminated> Test4 [Java Application] E:\Program Files (x86)\Java\jre6\bin\javaw.exe (2016-10-9 上午8:55:53)
3 4 4 5
```

图 3-4　运行结果

程序自动进行的类型转换遵循以下规则：

在计算表达式之前，所有的操作数都会转换成表达式中所包含的具有最大取值范围的那种数据类型。顺序如下（取值范围从大到小）：double，float，long，int，short，byte。也就是说，只要有一个操作数为 double 类型，其他的操作数都将被转换成 double 类型，然后才开始进行计算。这类转换都是可以自动完成的。

如果希望将一个操作数转换成比其原来类型的取值范围还要小的数据类型，就必须使用强制类型转换，即使这个数的值超出了新类型的取值范围，也不会产生任何错误提示信息，只不过会得到错误的结果。例如：将 double 类型的数 3e12（=3*10^12）转换成 int 类型的数时，就会得到错误的结果，因为 int 类型的取值范围并不包含这么大的数。

还有一个要注意，既不能将其他类型的数转换成布尔类型，也不能将布尔类型的数转换成其他任何一种类型。

当把 char 类型的数转换成 int 类型时，会得到什么样的结果呢？让来看看下面这个例子：

```
char    symbol= '5';
int   digit=symbol;
```

这种类型转换是完全可以实现的，因为 char 类型比 int 类型的取值范围要小，变量 digit 被赋值为字符"5"在 Unicode 字符集中对应的编码值即 53。

也可以用下面这种方法来让变量 digit 得到 5 这个值。

```
int   digit=symbol-'0';
```

字符"0"所对应的值为 48，而且在 Unicode 字符集中所有的数字字符是按顺序编排的。因而，digit 变量可以得到 5 这个值。

注意：
Java 每次仅对一个最小单元的表达式进行运算。

对这条语句而言，首先进行整除运算，然后才做加法，得到的结果为 3.7。如果不希望程序进行整除运算，就必须使用强制类型转换。

```
double   result  =3.7÷(double)3/4
```

在这里有了类型转换的初步认识，接下来我们将详细讲解类型转换。

3.2.1　自动类型转换和常用类型转换

整数、浮点数、字符数据可以进行混合运算,当类型不一致的时候,需要进行类型转换。从低位类型到高位类型转换,从而高位往低位转换需要强制转换。

> 注意:
> boolean 类型不能与其他基本类型进行转换。

在表达式中不同类型先自动转换成同一类型再进行运算,自动转换总是从低位类型到高位类型转换。

如:op 表示操作符:+、-、*、√ 等。箭头表示自动转换成的类型。下面列出了整数、浮点数、字符数据可以进行混合运算的转换规则:

(byte　char　short　int　long　float)op　double　→ double

(byte　char　short　int　long)op　float → float

(byte　char　short　int)op　long　→　long

(byte　char　short)op　int　→ int

(byte　char　short)op(byte　char　short) → int

1. 基本数据类型封装类

基本数据类型不是引用数据类型,不能创建对象。而有时需要像处理对象一样处理这些基本数据类型,通过调用方法来访问基本数据类型,在 Java 中提供了相应的封装类来解决这类问题。

封装类就是将基本数据类型的数据封装起来,每一种基本数据类型都有相应的封装类。

所有的封装类都定义在 java.lang 包中,分别为 Boolean、Byte、Character、Short、Integer、Long、Float 和 Double 类。

封装类是一种特殊的类,除了可以构造包含基本数据类型的对象外,还提供得到数据的值、在数字和字符串间进行转换、给出这种数据类型的最大最小值等方法,下面的语句创建一个 Integer 类的实例,并为其赋初值为 50。

```
Integer  integerObject=new   Integer(50);
```

以下是几个封装类方法使用如示例代码 3-7 所示:

示例代码 3-7　封装类方法的使用

```
public class Text5 {
    public static void main(String[] args) {
        Boolean   bool=new   Boolean("false");
        Double   num1=new   Double(12.5);
        Integer   num2=new   Integer("5");
```

```
          Double    result=num1.doubleValue ()/num2.intValue();
          System.out.println(result);
     }
  }
```

所有封装类都实现了以下两个方法：

Public　String　toString()，将对象转换成字符串输出。

Pullic　Boolean　equals(Object　obj)，判断对象是否相等。

所有的封装类均定义了一个构造方法，其参数为与之相应的基本数据类型数据：

```
   Public   wrapperClass(date   Type   value);
```

除了 Character 类外，所有的封装类都定义了一个以字符串为参数的构造方法。

```
   Public   wraperClass(String   text);
```

对于数字类型的封装类，若输入的字符串无法转换成相应的数字，构造方法将抛出 NumberFormatException 异常。

Boolean 类型在创建一个实例时，无论输入字符串 "true" 的大小写是如何组合，都能转换成 true；其他的字符串，包括 null，则都会被转换成 false。

2. 常用的类型转换方法

（1）字符串转换成数据

字符串转换成整数，示例如下：

```
   String   MyNumber="1234";
   int   MyInt= Integer.parseInt(MyNumber);
```

字符串转换成 byte，short，int，float，double，long 等数据类型，可以分别参考 Byte，Short，Integer，Float，Double，Long 类的 parseXXX 方法。

（2）数据转换成字符串

整数转换成字符串：

```
   int   MyInt=1234;
   String   MyString=""+MyInt;
```

其他数据类型可以利用同样的方法转换成字符串。

（3）十进制到其他进制的转换

十进制整数转换成二进制整数，返回结果是一个字符串：Intger.toBinaryString(int i)；

Intger 和 Long 提供了 toBinaryString，toHexString 和 toOctalString 方法，可以方便的将数据转换成二进制，十六进制和八进制字符串。功能更加强大的是其 toString(int/long i, int radix) 方法，可以将一个十进制数转换成任意进制的字符串形式。

（4）其他进制到十进制的转换

五进制字符串 14414 转换成十进制整数，结果是 1234，示例如下：

```
System.out.printIn(Integer.valueOf("14414",5);
```

Integer 和 Long 提供的 valueOf(String　source,intradix) 方法，可以将任意进制的字符串转换成十进制数据。

（5）布尔类型转换成字符串

示例如下：

```
boolean   bool=true;
Stringstr  =new   Boolean(bool).toString( );//bool 利用对象封装器转化为对象
```

其中，toString 是一个继承方法，Java 中所有的类都是 object 的继承，object 的一个重要方法就是 toString，用于将对象转化为字符串。

（6）数字类型与数字类对象之间的转换

如示例代码 3-8 所示：

示例代码 3-8　数字类型与数字类对象之间的转换

```java
public class Text6 {
    public static void main(String[] args) {
        short   t=169;
        Short   to=new   Short(t);
        t=to.shortValue();
        int   i=169;
        Integer   io =new   Integer(i);
        i=io.intValue();
        long   l=169;
        Long   lo=  new   Long(l);
        l=lo.longValue();
        float   f=169f;
        Float   fo=new   Float(f);
        f=fo.floatValue();
        double   d=169;
        Double   dObj=new   Double(d);
        d=dObj.doubleValue();
        System.out.println(t);
        System.out.println(i);
        System.out.println(l);
```

```
                    System.out.println(f);
                    System.out.println(d);
            }
        }
```

3.2.2　强制类型转换

如果把高位类型赋值给低位类型,就必须进行强制类型转换,否则编译出错,例如:short和 char 类型的二进制数都是 16 位,但 short 范围是 -2 的 15 次方至 15 次方 -1,char 类型范围是 0 至 2 的 16 次方 -1,即两者的取值范围不一样,所以将 short 或 int 这样的类型转换成 char类型需要进行强制类型转换,如:

```
    char   ch=(char)-1
```

3.2.3　引用类型的类型转换

引用类型的转换涉及类的继承层次结构,有关类的继承将在后面的章节讲解,所以本小节的内容,大家可以在了解继承机制之后再回来学习。

在引用类型的变量之间赋值时,子类给直接或间接父类赋值,会自动进行类型转换。父类给直接或间接子类赋值,需要进行强制类型转换。

例如:假设有一动物类(Animal)及其子类狗类(Dog),来看如下示例:

```
   Animal   animal=new   Dog( );
  // 合法,animal 被声明为 Animal 类型,引用 Dog 对象
   Dog   dog=new   Dog( );// 合法,dog 变量被声明 Dog 类型,引用 Dog 对象
   Animal=   dog;// 合法,把 Dog 类型赋给 Animal 父类型,会自动进行类型转换
   Dog=animal;// 编译出错,把 Animal 父类型赋给子类型 Dog 需要进行强制类型转
换
   Dog=(Dog)animal;// 合法,把 Animal 类型进行强制类型转换为 Dog 类型
```

对于引用类型变量,Java 编译器只根据变量被显式声明的类型去编译。在引用类型变量之间赋值时"="操作符两边的变量被显式声明的类型必须是同种类型或有继承关系,否则编译错误。

那么在运行时的情况呢? Java 虚拟机将根据引用变量实际引用对象进行类型转换。假设有一动物类(Animal)及其两个直接子类狗类(Dog)和猫类(Cat),而子类狗类(Dog)和猫类(Cat)无任何继承关系,来看如下示例:

```
   Animal   cat=new   Cat();
   Dog   dog=(Dog)cat;
```

该示例中由于 Animal 是 Dog 的直接父类,所以编译时不报错误,但在运行时会报 Class-

CastException 错误,因为 cat 变量实际是引用 Cat 类型对象,Java 虚拟机不会把 Cat 类型对象强制转化为 Dog 类型对象。

3.3　Java 数组

在本节将讲解一种简单的方式存储大量类型相同的数据,要讲的这种存储方式便是数组。数组就是用于存储大量类型相同数据的数据结构。例如:某一温室,需要保持一定的温度,为了监测温室的温度,需要每个小时记录温度数据一次,假设温度数据都是整型数据,即数据类型都一样,这样的数据便可以使用数组数据结构来保存等。生活中像这样的例子是很多的。

数组分类:

基本数据类型数组

引用数据类型数祖

3.3.1　Java 基本数据类型的数组

1. 自定义数组的语法规则

```
// 方法一:
    dataType[ ]    name;
    name =new    dataType[length];
// 方法二:
    dateType[ ] name= new    dataType[length];
// 方法三:
    dateType[]    name={initialValue0,initialValue1,initialValue2,initialValue3,……}
```

自定义数组的语法规则的说明:

在方法三中,数组的长度就是大括号中数的个数,initialValue0 等就是用于初始化数组的第一个数据,其中 0 为数组下标位置,其他数据含义类推。

如果数组不是以最后一种方式定义,那么数组中所有元素都是 0。

数据类型(dataType)可以是任意一种数据类型。引用类型数组将在下一小节讲解。

数组的长度(length)必须是 int 类型数据,或可自动转换成 int 类型的数。不可使用 long 类型数。

数组中元素从 0 开始编号。编号最大值为 length-1,这些编号就叫数组下标。

数组下标数据类型的要求与数组长度的要求一致。

数组中元素的使用与同其类型相同的简单变量完全一样。

数组是一个对象,其中定义有一个叫 length 的公有常量,表示该数组的长度。

例如:需要定义一个数组,存放一星期的气温(假设是个整型数字),如示例代码 3-9 所示:

```
示例代码 3-9    编写类定义和使用数组
public class Text7 {
    public static void main(String[] args) {
            int[]    degr;
            degr= new    int[7];
            for(int    i=0;i<7;i++){
            degr[i]= 15+i;
            System.out.println(degr[i]);
            }
        }
}
```

2. 数组复制应用

在实际编程时,经常遇到数据的复制,同样包括数组复制,经常为了避免损坏原有的数组数据,声明一个新数组,把原数组数据复制到临时的新数组,然后使用临时的新数组数据。或者为了操作的方便,干脆多一个数组变量指向同一个数组。

```
//   声明两个数组:
    int[] array1={1,2,3,4,5};
    int[] array2={6,7,8,9,0} ;
    //接下来,用下面语句将 array1 的值赋给 array2
    array2=array1;
```

使用如上所示的办法复制数组实际上是:数组是对象的一种,那么 array1 和 array2 就是引用类型的变量,这条语句的作用是将两个引用指向同一个数组对象,而引用 array2 原先指向的数组就再也访问不到了。

也可以使用循环语句进行数组每个元素数据的复制,如下所示:

```
for(int    i=0;i<array1.length;i++)
        array1[i]=array2[i];
```

3. 二维数组

正如前面提到的存放温度的数组,该数组可以存放同一类型的多个数据,有 1 至 7 天的气温被存放到了数组中,但是现在面临一个问题,如果我要存放多个星期的温度数据怎么办? 如表 3-1 所示。

可以使用二维数组存放这些数据,二维数组就像二维表一样,每一"行"存放一个星期的温度数据,每个星期的温度数据存放在不同的"行"中,如表 3-2 所示。

表 3-1　星期温度表

	星期一	星期二	星期三	星期四	星期五	星期六	星期日
第一周	15	16	17	18	19	20	21
第二周	14	15	16	17	18	19	20
第三周	……						
……							

表 3-2　温度表

0	1	2	3	4	5	6
14	16	17	18	19	20	21
15	15	16	17	18	19	20
……						

对于上表,可以用 degr[0]，dege[1] 等来记录每个星期的温度,而使用 degr[0][0] 等来存放具体某一天的温度等,而这种二维"表格"存放数据的办法,就叫做二维数组存放数据法。

声明二维数组示例如下:

```
int [ ] [ ]   degr=new   int[4][7];
```

以上示例,声明了二维数组 degr,共"4 行""7 列"。

访问一维数组中的元素时,应该在数组名后面写上元素下标,因而,访问某个星期某一天的温度应该是 degr[x][y],其中 x 表示第几个星期(即:"行"),y 表示星期的第几天(即:"列")。

使用数组中元素的方法与使用同类型的普通变量是一样的。如下所示:

```
//给二维数组元素赋值
degr[1][3]=400;
//用二维数组元素给变量赋值
int thevalue=degr[1][3];
//用二维数组元素作运算数运算
int   sum=dngr[1][3]+degr[1][4];
```

如果存放温度的二维数组中每行存放的温度可以是满一个星期或不满一个星期又怎么样呢？当然可以声明全部每行"7 列",但这样浪费空间,那么给它不同行可以由不同的"列数",这就是长度不等的数组。

定义"列"长度不等二维数组示例如下:

```
int[][] degr=new int[3][];
degr[0]=new    int[5];
degr[1]=new    int[4];
degr[2]=new    int[3];
```

4. 使用多位数组

通过二维数组的使用，依次照推，在程序中可以使用多维数组，比如：在存放温度的二维数组的基础上存放的数据扩展到：存放某月／某星期／某一天温度数据，这时,的二维数组需要扩大到三维数组，示例如下：

```
int[][][]   degr= new    int[12][4][7];
```

三维和多维数组的使用方法可以从二维数组推导其使用方法，在这里，就不再对其重复解释。

> 注意：
> 在面向对象的编程中很少使用多维数组，主要是数组存放的数据多为对象，而在对象中又常常会带有类型为数组的实例对象。

3.3.2　Java 引用类型的数组

目前为止只能创建基本数据类型的数组，如：数字数组、字符数组，现在讲述元素为对象的数组，即：以指向对象的引用为元素的数组，如：存放客户信息对象等。

创建一个引用类型的数组与创建基本数据类型的数组的方法相同，只是还需要创建每个引用所指向的对象。

创建引用类型数组的方法示例如下：

```
// 创建引用类型数组
String[] name=new    String[4];
// 创建 String 类型实例,并存入数组中
name[0]=new    String(" 张飞 ");
name[1]=new    String(" 关羽 ");
name[2]=new    String(" 刘备 ");
```

以上示例，对于 String 类型可以以更间接的方式创建 String 实例，name[2]=" 刘备 " 或者从客户输入也可。如：

```
name[3]= JOptionPane. showInputDialog("Write a    name:");
```

该示例中 name 就是引用类型的数组，即：数组元素是引用。对于引用类型的数组可以在声明的同时进行初始化。如下所示：

```
    String[]  name1={new    String(" 张 飞 "),  new    String(" 关 羽 "),  new    String("
刘备 ")}
    // 或
    String[] name1={" 张飞 "," 关羽 "" 刘备 "}
```

以上数组长度的都是 3。

接下来观察引用类型数组复制的情况,引用数组元素存放的是对象的引用,而不是对象本身,所以复制引用数组其实质就是使两个数组指向相同的对象,复制的是引用,而不是对象本身。

引用类型的数组元素的使用方法与其他数据类型数组元素的使用方法相同,任何可以使用引用类型变量的地方都可以使用引用类型的数组元素,如下示例:

```
    for(int    i=0;i<names.length;i++){
    names[i]=names[i].toUppreCase();
```

对于该示例,将一个 names 引用数组的所有元素转成大写,由于 String 类是只读类,其本质是新创建新的对象,并将指向这个新创建对象的引用返回。names[i] 存放新创建对象的引用,原对象被 Java 解释器作为垃圾清除。

> 注意:
> 基本数据类型的数组元素与引用类型的数组元素之间的比较:对于基本数据类型的数组而言,数组元素的值就是数组本身的值,对于数组元素进行比较与赋值,会直接影响数据的值,对基本数据类型的数组元素的操作就是对数据本身进行比较与赋值。
> 引用类型的数组元素是一个引用,不能像基本数据类型那样直接使用 = = 和! =这样的比较运算符来比较其数据是否相等。只有在两个引用指向的对象是同一个对象时运算符 = = 才会返回 true。
> 对引用进行赋值,仅仅改变引用本身的值,即,指向了别的对象,原来的对象没有被移动和复制。

3.4　Eclipse 简介

本节主要讲解 Eclipse 平台的概述,包括其起源和体系结构,本文首先简要讨论 Eclipse 的开放源代码性质及其对多种编程语言的支持,然后通过一个简单的程序例子展示 Java 开发环境。本文还将考查以插件扩展形式可用的一些软件开发工具,并展示一个用于 UML 建模的插件扩展。

3.4.1　Eclipse 是什么

Eclipse 是一个开放源代码的、基于 Java 的可扩展开发平台。就其本身而言,它只是一个框架和一组服务,用于通过插件组件构建开发环境。幸运的是,Eclipse 附带了一个标准的插件集,包括 Java 开发工具(Java Development Tools,JDT)。

随着大多数用户很乐于将 Eclipse 当然 Java IDE 来使用,但是 Eclipse 的目标不仅限于此。Eclipse 还包括插件开发环境(Plug-in Development Environment,PDE)。这个组件主要针对希望扩展 Eclipse 的软件开发人员,因为它允许他们构建与 Eclipse 环境无缝集成的工具。由于 Eclipse 中的每样东西都是插件,对于给 Eclipse 提供插件,以及给用户提供一致和统一的集成开发环境而言,所有工具都具有相同的发挥场所。

这种平等和一致性并不仅限于 Java 开发工具。尽管 Eclipse 是使用 Java 语言开发的,但它的用途并不限于 Java 语言,诸如 C/C++、COBOL 和 Eiffel 等编程语言的插件已经可用,预计会推出。Eclipse 框架还可用来作为与软件开发无关的其他应用程序类型的基础,比如内容管理系统。

基于 Eclipse 的应用程序的突出例子: IBM 的 WebSPhere Studio Workbench,它构成了 IBM Java 开发工具系列的基础,例如, WebSphere Studio Application Developer 添加了对 JSP、Servlet、EJB、XML、Web 服务和数据库访问的支持。

3.4.2　Eclipse 是开放源代码的软件

开放源代码软件是这样一种软件,它们在发布时附带了旨在确保将某些权利授予用户的许可证。当然,最明显的权利就是源代码必须可用,以便用户能自由地修改和再分发该软件。这种用户权利的保护是通过一种称为 copyleft 的策略来完成的。软件许可证主张版权保护,除非明确授予用户这样的权利,否则用户不得分发该软件, copyleft 还要求同一许可证涵盖任何可被再分发的软件,这实际上倒导致了版权的目的——使用版权来授予用户权利,而不是为软件的开发者保留版权——copyleft 经常被描述为“保留所有版权”。

曾经四处蔓延的对开放源代码软件的许多恐惧、担忧和疑虑,都与某些 copyleft 许可证的所谓“病毒”性质有关——如果使用开放源代码软件作为你开发程序的一部分,所有者将失去自己的知识产权,因为该许可证“传染”你开发的专有部分。换句话说,该许可证可能要求与开放源代码软件一起打包的所有软件,都必须在相同的许可证之下发布。虽然这对最著名的 copyleft 许可证(即 GNU 通用公共许可证,例如 Linux 就是在该许可证之下发布的)来说可能是事实,还有其他许可证在商业化和社区考虑之间提供了较好的平衡。

开放源代码设计(Open Software Initiative)是一家非营利机构,它明确定义了开放源代码的含义及满足其标准的认证许可证。Eclipse 是在 OSI 认可的通用公共许可证(CPL)1.0 版之下被授予许可证的,CPL“旨在促进程序的商业化使用……”。

为 Eclipse 创建插件或将 Eclipse 用做软件开发应用程序基础的开发人员,需要发布他们在 CPL 下使用或修改的任何 Eclipse 代码,但是他们可以自由决定自己添加的代码的许可证授予方式。与出自 Eclipse 的软件一起打包的专有代码不需要作为开放源代码来授予许可证,该源代码也不需要提供给用户。

尽管大多数开发人员不会使用 Eclipse 来开发插件,或创建基于 Eclipse 的新产品,但是

Eclipse 的开发源代码性质所意味的并不只是它使得 Eclipse 免费可用(尽管便于商业化的许可证意味着插件可能要花钱)。开放源代码鼓励创新,并激励开发人员(甚至是商业开发人员)为公共开放源代码库贡献代码。对此存在许多原因,不过最本质的原因或许是为这个项目作贡献的开发人员越多,这个项目就会更这个项目就会更昂贵,可用性更强,因此更多的开发者去使用它,并围绕它形式一个社区,就像那些围绕 Apache 和 Linux 形成的社区一样。

3.4.3 Eclipse 是什么机构?

Eclipse.org 协会管理和指导 Eclipse 正在进行中的开发,在据说 IBM 花了 4000 万美元开发 Eclipse 并把它作为一个开放源代码项目发布之后,Eclipse.org 协会吸收了许多软件工具提供商,包括 Borland、Mnrant、Rational、RedHat、SuSE、TogetherSoft 和 QNX。从那以后还有其他公司相继加入,包括 Hewlett Packard、Fujitsu、Sybase。这些公司分别向理事会派了一名代表,这个理事会负责确定 Eclipse 项目的方向和范围。

在最高层,项目管理委员会(Project Management Committee,PMC)管理着 Eclipse 项目,这个项目被划分为多个子项目,每个子项目都有一名负责人,大型子项目又被划分为组,每个组也有一名负责人。目前,这其中大多数管理角色都由最初开发 Eclipse 的 IBM 子公司 Object Technolagy International(OTI)的人担任,但是作为一个开放源代码的项目,它欢迎任何人的参与。任何特定部门的职责是通过该部门对项目的贡献来争取的。

现在已经了解了 Eclipse 背后的一些理论、历史和管理,下面了解该产品本身。

3.4.4 Eclipse 工作台

Eclipse 为这个开发工具可以在 http://www.eclipse.org 上进行下载。在使用 Eclipse 前需要先安装好 JDK,这样 Eclipse 才能正常运行。

在第一次打开 Eclipse 时,首先看到的是 Eclipse 工作台,如图 3-5 所示。

Eclipse 工作台由几个称为视图(view)的窗格组成,比如左上角的 Navigator 视图,窗格的集合称为透视图(prespective)。默认的透视图是 Resource 透视图,它是一个基本的通用视图集,用于管理项目及查看和编辑项目中的文件。

Navigator 视图允许您创建、选择和删除项目。Navigator 右侧的窗格是编辑器区域。取决于 Navigator 中选定的文档类型,一个适当的编辑器窗口将在这里打开。如果 Eclipse 没有注册用于某特定文档类型(例如,Windows 系统上的 .doc 文件)的适当编辑器,Eclipse 将无法使用外部编辑器来打开该文档。

Navigator 下面的 Outline 视图在编辑器中显示文档的大纲,这个大纲的准确性取决于编辑器和文档的类型。对于 Java 源文件,该大纲将显示所有已声明的类、属性和方法。

Tasks 视图收集关于您正在操作的项目信息,这可以是 Eclipse 生成的信息,比如编译错误,也可以是您手动添加的任务。

该工作台的大多数其他特性,比如菜单和工具栏,都应该和其他那些熟悉的应用程序类似。一个便利的特性就是不同透视图快捷方式工具栏,它显示在屏幕的左端,这些特性随上下文和历史的不同而有显著差别。Eclipse 还附带了一个健壮的帮助系统,其中包括 Eclipse 工作台以及所包括的插件(比如 Java 开发工具)的用户指南。至少浏览一遍这个帮助系统是值得

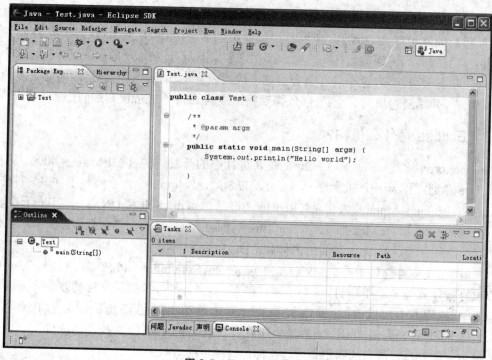

图 3-5　Eclipse 工作台

的,这样可以看到有哪些可用的选项,同时也更好地理解 Eclipse 的工作流程。

为继续这个短暂的 Eclipse 之旅,将在 Navigator 中创建一个项目,右键单击 Navigator 视图,然后选择 New → Project。当 New Project 对话框出现时,选择左面的 Java。标准 Eclipse 只有一种 Java 项目类型,名为 Java Project。如果安装了插件,可提供 JSP 和 servlet 支持,会从这里看到一个用于 Web 应用程序的附加选项,眼下,请选择 Java Project,在提示项目名称时,输入"Hello"然后按 Finish。

接下来,将检查一下 Java 透视图,取决于您喜欢的屏幕管理方式,您可以通过选择 Window → Open Perspective → Java 来改变当前窗口的透视图,也可以通过选择 Window → New Window,然后再选择这个新的透视图,从而打开一个新的窗口。

正如预期的那样,Java 透视图包含一组更适合于 Java 开发的视图。其中之一就是左上角的视图,它是一个包含各种 java 包、类、jar 和其他文件的层次结构。这个视图称为 Package Explorer。还要注意主菜单已经展开了,并且出现了两个新的菜单项:Source 和 Refactor。

3.4.5　附加插件

除了像 JDT 这样用于编辑、编译和调试应用程序的插件外,还有些可用的插件,支持从建模、生成自动化、单元测试、性能测试、版本到配置管理的完整开发过程。

Eclipse 标准地附带了配合 CVS 使用的插件,CVS 是用于源代码控制的开放源代码并发本版系统(Concurrent　Versions　System)。Team 插件连接到 CVS 服务器,允许开发团队的成员操作一组源代码文件,却不会相互覆盖其他人的更改。这里不打算进一步探讨如何从 Eclipse 内部进行源代码控制,因为这需要安装 CVS 服务器,不过支持开发团队而不只是独立的开发,这是 Eclipse 的一个重要的必备特性。

已经可用或已宣布要突出的一些第三方插件包括：

版本控制和配置管理

CVS

Merant　PVCS

Rational　ClearCase

UML 建模

OMONDO　EclipseUML

Rational　XDE（代替 Rose）

Together　WebSphere　Studio　Edition

图形

Batik　SVG

Macromedia　Flash

Web 开发、HTML、XML

Macromedia　Dreamweaver

XMLBuddy

应用服务器集成

Sysdeo　Tomcat　Launcher

3.4.6　Eclipse 平台体系结构

Eclipse 服务平台是一个具有一组强大服务的框架，这些服务支持插件，比如 JDT 和插件开发环境（PDE）。它由几个主要的部分构成：平台运行库、工作区、工作台、团队支持和帮助，如图 3-6 所示。

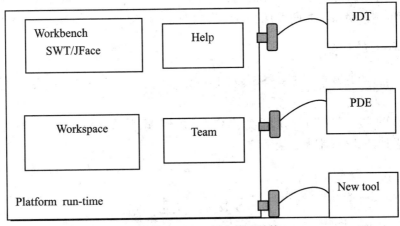

图 3-6　Eclipse 平台体系结构

1. 平台

平台运行库是内核,它在启动时检查已安装了哪些插件,并创建关于它们的注册表信息。为降低启动时间和资源使用,它在实际需要任何插件时才加载该插件,除了内核外,其他每样东西都是作为插件来实现的。

2. 工作区

工作区是负责管理用户资源的插件。这包括用户创建项目、那些项目中的文件,以及文件变更和其他资源,工作区还负责通知其他插件关于资源变更的信息,比如文件创建、删除或更改。

3. 工作台

工作台为 Eclipse 提供用户界面。它是使用标准窗口工具包(SWT)和一个更高级的 API(JFace)来构建的。SWT 是 Java 的 Swing/AWT GUI API 的非标准替代者,JFace 则建立在 SWT 基础上,提供用户界面组件。

SWT 已被证明是 Eclipse 最具争议的部分,SWT 比 Swing 或 SWT 更紧密地映射到底层操作系统的本机图形功能,这不仅使得 SWT 更加快速,而且使得 Java 程序具有更像本机应用程序的外观和感觉。使用这个新的 GUI API 可能会限制 Eclipse 工作台的可移植性,不过针对大多数流行操作系统的 SWT 移植版本已经可用。

Eclipse 对 SWT 的使用只会影响 Eclipse 自身的可移植性——使用 Eclipse 构建的任何 Java 应用程序都不会受到影响,除非它们使用 SWT 而不是使用 Swing/AWT。

4. 团队支持

团队支持组件负责提供版本控制和配置管理支持,它根据需要添加视图,以允许用户与使用的任何本版控制系统(如果有的话)交互。大多数插件都不需要与团队支持组件交互,除非它们提供版本控制服务。

5. 帮助

帮助组件具有 Eclipse 平台本身相当的可扩展能力,与插件向 Eclipse 添加功能相同,帮助提供一个附加的导航结构,允许工具以 HTML 文件的形式添加文档。

3.4.7　Eclipse 的前景

围绕 Eclipse 的开发正处于关键阶段,主要软件工具提供商都参与进来了,并且开放源代码 Eclipse 插件项目的数量正在与日剧俱增。

可移植、可扩展、开放源代码的框架并不是新思想(您会想起 Emacs),但是由于它成熟、健壮和优雅的设计,Eclipse 带来了全新的动力。

3.5　小结

✓ Java 语言中的基本数据类型有 8 种,其中 char 类型使用 unicode 编码方案,一个字符占两个字节。

✓ Java 中操作符根据功能可划分为四类:一元操作符、算术操作符、逻辑操作符和关系操作符。

✓ 封装类就是封装基本数据类型的类,每种基本数据类型都有相对应的封装类。

✓ 基本数据类型转换遵循一定的规定,取值范围小的数据类型到取值范围大的数据类型可以自动转换,反之必须强制转换,boolean 类型不能与其他 7 种数据类型进行转换。

✓ Java 中数组是引用数据类型,数组中的元素可以是基本数据类型,也可以是引用数据类型,但必须是相同的数据类型。

✓ Eclipse 是一个开放源代码的,基于 Java 的可扩展开发平台,通过本章学习,能用 Eclipse 开发工具开发简单的 Java 应用程序。

3.6　英语角

wrapper	封装
Eclipse	Eclipse 是一个开放源代码、基于 Java 可扩展开发平台
object	对象
array	数组

3.7　作业

1. 编写一个求和的方法,该方法接受两个参数。一个为 float 类型,一个为 double 类型,计算这两个数的和,并将结果以 float 类型返回。在 main() 中测试该方法。

2. 创建一个包含 3 个元素的 int 型数组并初始化元素的值,创建一个包含 3 个元素的 Integer 类型的对象数组。将 int 型数组的元素以 Intger 封装类的形式复制到对象数组中。

3.8　思考题

1. 下面的代码能否通过编译?

```
int    i=0
If(i){
    System.out.println("Hello");
}
```

2. 基本类型的数组和引用类型的数组有何区别?

3. 引用类型在什么情况下使用强制类型转换？

3.9　学员回顾内容

基本类型数组和引用类型数组的区别及应用。

第4章 Java 程序流程控制

学习目标

◇ 掌握应用流程控制的分支语句, 循环语句等。

◇ 了解程序流程控制的概念、变量作用域的概念理解 while、do...while 和 for 循环的相同点和不同点。

◇ 掌握嵌套循环以及流程跳转语句。

课前准备

熟悉 Java 语言中分支语句。

熟悉 Java 语言中循环语句。

熟悉 Java 语言的嵌套循环。

熟悉 Java 语言中流程跳转语句。

熟悉 Java 语言循环语句 for 中的变量作用域。

本章简介

在日常社会生活、工作中, 总是自觉或不自觉的按一定社会规律办事, 这个规律就是日常生活和工作流程的潜在或强制的法则。例如:

(1)每天早上, 上班总是签到, 然后进入办公室办公, 每天傍晚下班, 下班前总是整理好一天的工作, 然后签退。

(2)工厂生产产品, 首先总是准备原材料, 然后加工成产品, 最后销售产品。

(3)使用银行的交易信息系统进行取款时也总按一定流程操作, 如: 在 ATM 机器上取款时, 总是系统提醒客户可以插入磁卡→插入银行信息系统可识别的卡→然后输入密码→密码输入正确后进入取款数额选择界面→输入取款金额或选择定制的取款数额选项→从 ATM 中取出现钞→退卡等, 当然在 ATM 取款时如果某一步错误或不满足系统限制则进入各自的错误处理流程。

(4)在流水线生产产品的工厂, 每一位流水的工人几乎每天都在重复相同的机械操作, 重复往返永不停息等。

这里不再一一举例, 像这样的例子满世界都是, 在本章来讲解计算机 Java 程序流程方面的知识, 先以 ATM 取款账户余额是否足额为例引出需要讨论的 Java 程序流程控制的课题。

示例:判断 ATM 取款中账户余额是否足额:如果足额提供现金,如果不足额提示金额不足。

· 针对该流程控制,在 Java 语言中使用 if...else 语句来控制流程的分支:

```
if( 账户的可用余额充足 ){
    进入现金提供子流程:提供现金
}else{
    进入账户可用金额不足的子流程:提示金额不足
}
```

4.1 分支语句

最常见的分支莫过于道路的交叉口,以供不同方向的过路人选择自己需要的道路行走,同样,Java 的分支语句使部分程序代码在满足特定条件下才会被执行。Java 语言支持两种分支语句:if...else 和 switch 语句,下面分别讲解这两种分支语句。

4.1.1 if...else 分支语句

if...else 分支语句为两路分支语句,它基本语法规则为:

```
if( 布尔表达式 ){
    程序代码块 ;// 如果布尔表达式为 true,就执行这段代码
}else{
    程序代码块:// 如果布尔表达式为 false 就执行这段代码
}
```

布尔表达式就是值为 true 或 false 的表达式。

```
// 注意
// 在使用 if...else 语句时,有以下注意事项
// 1. 在 if 后面的表达式必须是布尔表达式,而不能为数字类型,如:
    int   x;
    ……
    // 编译出错
    if(x){
        System.out.println("x 不等于 0");
    }else{
        System.out.println("x 等于 0");
```

```
        }
// 正确写法
    int   x;
    ……
// 合法
if(x！ = 0)   {
        System.out.println("X 不等于 0")
}else {
        System.out.println("X 不等于 0");
}
```

//2.if 语句后面的 else 语句并不是必须的

```
    // 例如：以下的 if 语句后面就没有 else 语句
    int   x
    ……
    if(x>0){
        System.out.println(" 不等于 0");
    }
    if(x= =0){
        System.out.println(" 等于 0");
    }
    if(x<0) {
    System.out.println(" 小于 0");
    }
    /*
```

3. 假设 if 语句或 else 语句的程序代码块中包括多条语句，则必须放在 // 大括号 {} 内；若程序代码块只有一语句，则可不用大括号 {}。流程控制语句可 // 以作为一条语句看待

```
    */
    //   例如：注意事项 2 中分支语句段可以采用如下方式实现
    if(x>0){
        System.out.println(" 等于 0");}
    else{
        if(x<0){
        System.out.println(" 小于 0");}
    // 该代码段等价于带大括号代码段
  if(x>0){
            System.out.println(" 大于 0");
    }else{
```

```
                    if(x= =0){
                        System.out.println(" 等于 0");
                }else{
                    if(x<0){
                        System.out.println(" 小于 0");
                    }
                }
            }
        /*
```

在编写或阅读程序的时候，一定要注意 if 表达式后面是否有大括号。例如：下面的 if 分支语句后就没有大括号，此时，只有紧跟其后的那条语句 (a++;) 操作属于分支语句

```
        */
            int    a=1,b=1;
            if(a>b)
                a++;
                b--;
            System.out.println("a="+a+"b="+b);
    // 4.if...else 语句中的一种特殊的串联编程风格为
            if(expression1){
                Statemnet1
            }else    if(expression2){
                Statement2
            }eles    if    (expressionM){
                StatementM
            }else{
                StatementN
            }
        /*
```

如果使用该特殊的串联编程语法结构来编写注意事项 3 的程序模块，那么可以写成如下语句块

```
        */
            if(x>0){
                System.out.println(" 大于 0");
            }else    if(x= =0){
                System.out.println(" 等于 0");
            }else    if(x<0){
                System.out.println(" 小于 0");
```

```
    }
  /*
    可以看到使用特殊的串联编程语法结构来编写程序可以达到程序更加简洁、更利
于阅读,更利于程序调试等目的,建议在实现客户业务需求的时候,能够使用特殊的串
联编程语法结构的地方,尽量使用该结构去实现
  */
```

为了充分理解所讲的 if...else 分支语句,举一个工作中常遇到的例子:

每当月底的时候,需要使用公司的财务管理信息系统发工资,此时,需要财务管理信息系统对每位员工分别进行判断是否补助、补助多少等处理。假如:员工当月工资大于等于 10000 的,公司财务管理系统提示"不给给予生活补助",员工当月工资大于等于 3000 小于 10000 的,公司财务管理系统提示"给予 500 元生活补助"。员工当月工资大于等于 2000 而小于 3000 的,公司财务管理无系统提示"给予 600 元生活补助"。当员工工资小于 2000 的,公司财务管理系统提示"给予 800 元生活补助"。实现该功能的程序如下:

```java
    if(sal>=10000)  {
      System.out.println(" 不给予生活补助 ");
    }else   if   (sal>=3000){
System.out.println(" 给予 500 元生活补助 ");
    }else   if(sal>2000)  {
System.out.println(" 给予 600 元生活补助 ");
    }else{
System.out.println(" 给予 800 生活补助 ")
    }
```

知道了 if...else 的用法,接下来看看下面这个示例。在该示例中,先编写一个可以进行四则运算(加、减、乘、除)的计算器类。其 UML 图如图 4-1 所示。

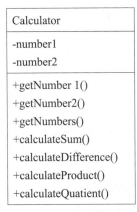

图 4-1 Calculator 类 UML 图

该类的 Java 源代码如示例代码 4-1 所示:

示例代码 4-1　定义计算器类 Calculator

```java
public class Calulator {
private   double   number1;
private   double   number2;
public void   Calculator(double   initNumber1,double   initNumber2){
        number1= initNumber1;
        number2=initNumber2;
          }
        public   double   getNumber1(){
            return   number1;
          }
        public   double   getNumber2(){
            return   number2;
          }
public   void   setNumbers(double   newNumber1,double   newNumber2){
        number1=newNumber1;
        number2=newNumber2;
    }
    public   double   calculateSum(){
        return   number1+number2;
}
public   double   calculateDifference(){
        return   number1-number2;
    }
    public   double   calculateProduct(){
        return   number1*number2;
    }
     public   double   calculateQuotient(){
        return   number1/number2;
    }
}
```

　　知道选择控制结构可以让程序根据一定的条件来选择要执行这组语句还是另一组语句，在实例化一个 Calculator 类的对象之后，可以选择应该向这个对象发送什么消息，即选择进行什么运算（加、减、乘、除）。

　　如果想让一段代码以相同的顺序执行多遍，就应该使用循环控制结构。如何使用循环控制结构将在后面讲解。

　　可以使用活动图来表示控制。活动图也是 UML 的组成部分。顺序结构和选择结构如

图 4-2 所示。

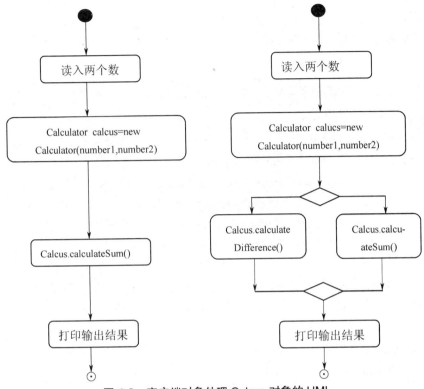

图 4-2 客户端对象处理 Calcus 对象的 UML

图中表现的是一个客户端程序（在这里就是一个 main() 主函数）将客户端程序的运行过程看成是客户端对象从一个状态转到另一个状态的过程。图中每个方框都表示一个活动状态，处于这些状态上的对象均为活跃对象。图左边的客户端对象仅能完成两个数的相加运算，而右边的对象可以选择做加法还是做减法运算。

要看懂 UML 中的活动图，还要知道活动图中的每个图形的作用，如图 4-3 所示。

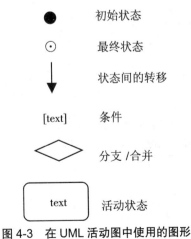

图 4-3 在 UML 活动图中使用的图形

下面就编写一个程序来实现可以让用户随意选择四则运算,从上面的活动图中,可以知道,先要输入两个数字,在这里用 JoptionPane 类来实现用户输入,这个类的具体使用方法,请各位查看帮助,然后需要对 Calculator 类进行实例化,在实例化好了以后,要求用户输入选择什么操作符,然后程序按照操作符进行操作。

具体代码,如示例代码 4-2 所示:

示例代码 4-2　编写计算器类的测试类 TestCalculator

```java
import  javax.swing.JoptionPane;
public class TestCalculator {
    public   static   void   main(String[]args){
    String   number1Read=JoptionPane.showInputDialog(" 第一个数字: ");
    String   number2Read=JoptionPane.showIntputDialog(" 第二个数字 ");
        double   number1=Double.parseDouble(number1Read);
        double   number2=Double.parseDouble(number2Read);
        //uses  this  in  the  result  string
        String   operator=JOptionPane.showInputDialog(" 请选择运算符:+   - * /");
    Calculator   calcus=new   Calculator(number1,number2);
    double   calculatedAnswer=0.0;
    boolean   ok=true;
if(opreator.equals("+")){
        calculatedAnswer=calcus.calclateDiffernece();
}else   if  (opreator.equals("/")){
    if(number2==0.0)
            Ok=false;// 除数为零的情况
    else
        calculatedAnswer=calcus.calculateQuotient();
}else{// 没有选择   + -  * / 运算符的情况
    Ok=   false;
}
    /** 打印结果 */
String   result;
if(ok)
        result=number1+""+operator+""number2+"="
            +calculatedAnswer;
```

```
        else
            result=" 无法计算出结构 .";
    JOptionPane.showMessageDialog(null,result);
            System.exit(0);
        }
    }
```

执行过程如图 4-4 所示。

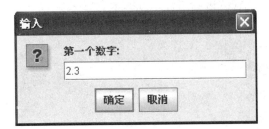

JOptionPane.showInputDialog("第一个数字：");

JOptionPane.showInputDialog("第二个数字：");

JOptionPane.showInputDialog("请选择运算符： + -/");

JOptionPane.showMessageDialog(null,result);

图 4-4　执行过程图

4.1.2 switch 分支语句

switch 语句是多路分支语句,使用多路分支语句主要是针对同一问题可能有多种处理办法(一般处理办法较多,但又可枚举的情况)。而每一次操作又只使用一种处理办法,比如:人们每个月发工资的时候,都需要扣除国家税收,而从工资中扣除国家税收比率则根据工资水平不一样而不同,一般工资在 1600 元以下是不需要交税的,即税收比率为 0,把它定义为"A"级税收;1600<= 工资 2400 元税收比率为 5%,把它定义为"B"级税收, 2400 元 <= 工资 <50000 元税收比率 6%,把它定位为"C"级税收等情况,根据工资水平的情况不同,计算税收的方法不一样,这就是典型的多分支情况,那么对于众多分支情况,可以用什么方法来表达呢?

```
根据工资级别:
工资级别为 A 的情况:
    根据税率 0 计算实际工资中应纳税数额
    完成该次分支操作
工资级别为 B 的情况:
    根本税率 5% 计算实际子中应纳税数额
    完成该次分支
工资级别为 C 的情况:
    根本税率 6% 的计算实际工资中应纳税数额
    完成该次分支操作
……
其他未知情况:
    错误处理或特殊处理
```

由于工资水平不一样,计税方法不一样,这种多分支,但同一次操作又只能选择一个分支处理的情况的分析,很容易得出多分支处理的基本语法规则为:

```
switch(expression){
    case    value1:
        statements;
        break;
    case    value2:
        statements;
        break;
    ……
case    valueN:
    statemnets;
```

```
            break;
    default:
            statemnets;
            break;
    }
```

例如：需要根据考试成绩的等级打印出相应的百分之分数段。

假设，85~100 分为 A 级，70~84 分为 B 级，60~69 分为 C 级，小于 60 分为 D 级。

使用 Java 语言的多分支 switch 为语句实现的程序片断为：

```java
public class Test_3 {
    public void convertGrade(char  grade){
        switch(grade){
            case'A':
                System.out.println(grade+"is   85-100");
                break;
            case'B':
                System.out.println(grade+"is   70-84");
                break;
            case'C':
                System.out.println(grade+"is   60-69");
                break;
            case'D':
                System.out.println(grade+"is   <60");
                break;
            default:
                System.out.println("Invalid   Grade");
                break;
        }
    }
}
```

在使用 switch 语句时，有以下注意事项：

（1）在 switch(expression) 语句中，表达式的类型必须是与 int 类型相兼容的基本类型，所谓与 int 类型兼容，就是指能自动转换为 int 类型，这些类型是：byte、short、char、int。

> 注意：
> long 和浮点类型不能自动转换为 int 类型，因此不能作为 expression 表达式的类型。

（2）在"case　valueN"子句中，valueN 表达式必须满足以下条件：valueN 类型必须是与 int 类型兼容的基本类型，包括：byte、short、char、int 类型，valueN 必须是常量。各个 case 子句的 valueN 表达式的值不同。

例如：

```
int    x=4,y=3;
final    byte    z=4;//final 关键子用于定义常量
switch(x){
    case 1://合法
        System.out.println("1");
        break;
    case 4/3+1://合法,4/3+1 为 int 类型的常量表达式
        System.out.println("2")
        break;
    case 1://编译出错,不允许出现重复的 case 表达式
      System.out.println("repeat1");
        break;
  case y://编译出错,y 不是常量
    System.out.println("3");
        break;
  case z://合法,z 是与 int 类型兼容的常量
        System.out.println("4");
        break;
 case 4,5,6://编译出错,case 为表达式的语法不正确
    System.out.println("5,6,7");
 }
```

（3）在 switch 语句中最多只能有一个 default 子句，default 子句是可选的，当 switch 表达式的值不与任何 case 子句匹配时，程序执行 default 子句，假设没有 default 子句，则程序直接退出 switch 语句。default 子句可以位于 switch 语句中的任何位置，通常子句放在所有 case 子句的后面，示例代码 4-3 所示两段程序是等价的。

示例代码 4-3　default 子句的位置

```java
public class Text_1 {
    public static void main(String[] args) {
    int x=4;
    switch(x){
                case   1:
                        System.out.println("1");
                        break;
                case   4:
                        System.out.println("4");
                        break;
                default:
                        System.out.println("Invalid   Grade！");
                        break;
        }
        int   y=4;
        switch(y)   {
            case   1:
                    System.out.println("1");
                    break;
            default:
                    System.out.println("lnvalid   grade！");
                    break;
            case   4:
                    System.out.println("4");
                    break;
        }
    }
}
```

　　（4）如果 switch 表达式与某个表达式匹配，或者与 default 情况匹配，就从这个 case 子句或 default 子句开始执行，假如遇到 break 语句，就退出整个 switch 语句，否则一次执行 switch 语句中后续的 case 子句，不再检查 case 表达式的值。如示例代码 4-4 所示：

```
示例代码 4-4    在 case 子句执行块中不使用 break 语句
public class Test_2 {
    public static void main(String[] args) {
            int    x=5;
            switch(x){
                        default:
                                System.out.println("invalid    Grade！");
                    case 1:
                                System.out.println("case1");
                    case 2:
                                System.out.println("case2");
                    case 3:
                                System.out.println("case3");
                    case 4:
                                System.out.println("case4");
        }
        }
    }
```

运行结果如图 4-5 所示。

```
Problems  @ Javadoc  Declaration  Console ⊠                                    ■ ✖ ✖
<terminated> Test_2 [Java Application] E:\Program Files (x86)\Java\jre6\bin\javaw.exe (2016-10-9 上午9:20:16)
invalid    Grade!
case1
case2
case3
case4
```

图 4-5　运行结果

在一般情况下,应该在每个 case 子句的末尾提供 break 语句,以便及时退出整个 switch 语句。在某些情况下,假设若干 case 表达式都对应相同的流程分支,则不必使用 break 语句,仍然以"根据考试成绩打印出相应的百分制数段"为例,构建一个方法 convertGrade,该方法显示 "A is 85-100""B is <85"或"C is <85"或"D is <85"。

假设,85~100 分为 A 级;70~84 分为 B 级;60~69 分为 C 级;小于 60 分为 D 级。

使用 Java 语言的多分支 switch 语句实现程序片断,如示例代码 4-5 所示:

示例代码 4-5 使用 switch 多路分支打印分数段

```
public class Test_3 {
    public void convertGrade(char grade){
        switch(grade){
            case'A':
                System.out.println(grade+"is  85-100");
                break;
            case'B':
            case'C':
            case'D':
                System.out.println(grade+"is  <85");
                break;
            case default:
                System.out.println("Invalid  Grade;");
                Break;
        }
    }
}
```

（5）switch 语句的功能也可以用 if...else 语句来实现。但是决定流程分支的条件表达式的类型与 int 类型相兼容，则使用 switch 语句会使程序更加简洁，可读性更强，而 if...else 语句的功能比 switch 语句的功能更强大，它能够灵活地控制各种复杂的流程分支。

例如：把 swicth 示例代码 4-5 的代码部分用 if...else 来实现，如示例代码 4-6 所示：

示例代码 4-6 使用 if...else 替代 switch 多路分支打印分数段

```
public class Test_4 {
    public void convertGrade(char grade){
        if(grade= ='A'){
            System.out.println(grade+"is  85-100");
        }else  if(grade= ='B'||grade= ='C'||grade= ='D'){
            System.out.println(grade+"is  <85")  ;
        }  else{
            System.out.println("Invalid  Grade！ ");
        }
    }
}
```

4.2　循环语句

循环语句的作用是反复执行一段代码，直到不满足循环条件为止，循环语句应该包括如下 4 部分的内容。

初始化部分：用来设置循环的一些初始条件，比如：设置循环控制变量的初始值。

循环条件：这是一个布尔表达式。每次循环都要对该表达式求值，以判断是继续循环还是终止循环，这个布尔表达式中通常会包括循环控制变量。

循环体：这是循环操作的主要内容，可以是一条语句，也可以是多条语句。

迭代部分：通常属于循环体的一部分，用来改变循环控制变量的值，从而改变循环条件表达式的布尔值。

Java 语言提供 3 种循环语句，for 语句、while 语句和 do...while 语句，for 和 while 语句在执行循环体之前测试循环条件，而 do...while 语句在执行完循环体之后测试循环条件，这意味着 for 和 while 语句有可能一次循环都不执行，而 do...while 循环至少执行一次循环体。

4.2.1　while 循环语句

While 语句是 Java 语言中最基本的循环语句。它的基本格式如下，其中初始化部分是可选的：

```
// 示例：while　循环语的基本结构
//[ 初始化部分 ]
    while  （循环条件）{
        循环体,包括迭代部分
    }
```

当代表循环条件的布尔表达式的值为 true 时，就重复执行循环，否则终止循环，while 循环的执行线路图如 4-6 所示。

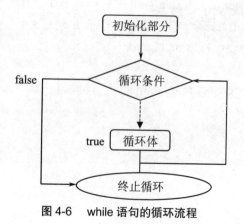

图 4-6　while 语句的循环流程

例如：以 max(int[ ]array) 方法能返回整数数组中的最大值，利用 while 循环遍历数组中的所有元素，然后挑选出数值最大的元素，如示例代码 4-7 所示：

```
示例代码 4-7　使用 while 循环挑选整数数组中最大数值
public class Text_5 {
    public   int   max   (int[]array){
        int i=1,loc=0;// 初始化部分
        while   (i<array.length){// 循环条件,i 为循环控制变量
        // 以下是循环体
        if   (array[loc]<array[i])
            loc=i;
        i++;
        }
    return   array[loc];
    }
}
```

在使用 while 语句时，有以下注意事项：

（1）如果循环体包含多条语句，必须放在大括号内，如果循环体只有一条语句，则可以不用大括号，如下示例：循环体只有一条语句 a++；

```
int   a=10,b=30;
while(a<b)
a++;
System.out.println(a+">"+b);
```

（2）while 语句（或 for 语句和 do...while 语句），的循环体系可以为空，这是因为一个空语句（仅有一个分号组成的语句）在语法上是合法的。如下示例所示：

```
int   a=10,b=30;
while(++a < - -b);
```

从以上示例，可以看出，示例中最后 a 和 b 的数值是 20，像这样的简短的操作（可以在循环体条件表达式本身完成重复操作的）在循环中通常不需要循环体。

（3）对于 while 语句（或 for 语句和 do...while 语句）都应提供结束循环的机制，避免死循环（永不终止），出下所示：

```
int   a=10,b=30;
while(a< b);
```

在这个示例中，a 的值始终小于 b 的值，循环进入死循环。

通常，避免死循环的方法如下两种，示例如下：

```
// 第一种方式避免死循环：改变循环条件
    int    a=10,b= 30
    while ( a < b){
        a++;
        if(a= =20)
            break;
    }
    /*
在这里，a++ 就是指每次循环时，变量 a 的值自动加 "1" 循环 10 次以后 a 的值是
20,满足 if 条件分支（即：true），执行条件分支语句 break,跳出循环,即结束循环
    */
```

为了更好地了解 while 循环，来看示例代码 4-8：

```
示例代码 4-8    测试 while 循环
public class Text_6 {
    public   static   void   main(String[]args){
        int   counter=0;
        while (counter<5){
        System.out.println(" 输出了一行。");
        counter++;
        }
    }
}
```

从上面的程序知道，会输出 5 行"输出了一行"这样的字样。再用 UML 中的活动图来描述一下这段程序的执行过程。程序首先将变量 counter 赋值为 0,然后判断条件"counter 的值小于 5 吗？"若 counter 的值小于 5,程序打印一行文字，并给 counter 的值加 1;产生重新判断条件,直到 countre 的值大于 5 为止，如图 4-7 所示。

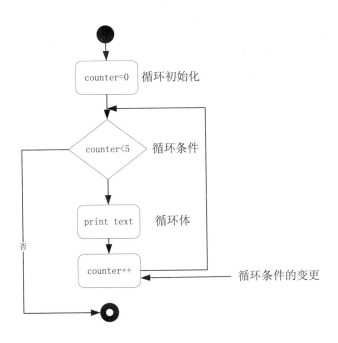

图 4-7　输出 5 行文字的活动图

4.2.2　do...while 循环语句

do...while 语句首先执行循环体,然后再判断循环条件。它的基本格式如下,其中初始化部分是可选的。

```
// 初始化部分
  do{
  // 循环体,包括迭代部分
  }while( 循环条件 );
```

从以上情况,知道, do...while 语句都至少执行一次,原因是,条件判断放在了执行体部分之后了,执行到条件判断,当条件为 true 时继续执行循环,否则终止循环,其执行流程如图 4-8所示。

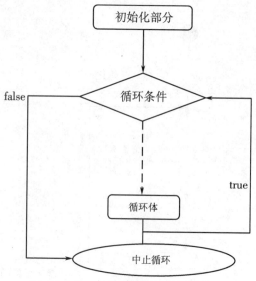

图 4-8　do...while 语句的循环流程

例如：以 max(int[]array) 方法能返回整数数组中的最大值，利用 do...while 循环遍历数组中的所有元素，然后挑选出数值最大的元素，如示例代码 4-9 所示：

```
示例代码 4-9    使用 do...while 循环挑选整数数组中最大数值

public class Test_7 {
    public   int   max(int[]array){
            int   i=1, loc=0;// 初始化部分
            do{
                // 以下是循环体
                if(array[loc]<array[i])
                    loc=i;
                i++;
            }while(i<array.length);// 循环条件,i 微循环控制变量
              return   array[loc];
    }
}
```

从以上示例发现，这个程序有一个漏洞，就是没有先判断条件后执行结果，当 array 数组的长度为 1 时，因初始化 i=1，访问 array[i] 会抛出 ArrayIndexOutOfBoundsException 数组下标应越界异常。正确的做法就是把 i 初始化设置为 0 即可。

接下来讲解在 do...while 中的循环条件中使用迭代部分，如示例代码 4-10 所示：

```
示例代码 4-10　do..while 中循环表现中使用迭代
public class Test_8 {
    public static void main(String[] args) {
            int    i=1;
            do{
                    System.out.println(i);
                    }while(i++<4);
            int    j=1;
        do{
            System.out.println(j);
            }
        while(++j<4);
        }
    }
```

通过比较这两段程序发现条件中迭代操作前者先操作比较 i 值,然后 i 值自增,而后者先 i 值自增,然后操作比较。

运行结果如图 4-9 所示。

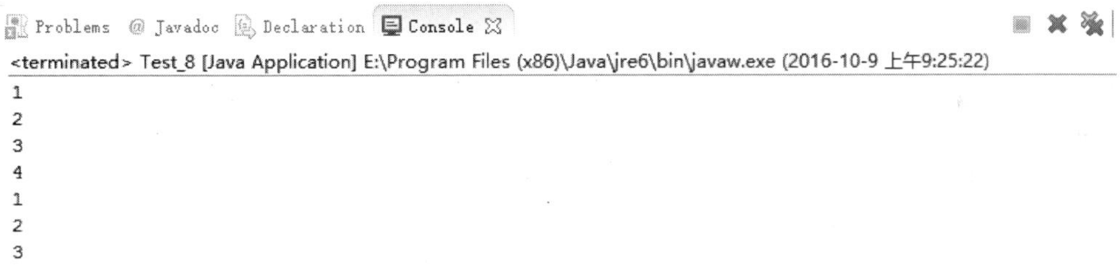

```
 Problems  @ Javadoc  Declaration   Console ⊠                         ■ ✖ ✖
<terminated> Test_8 [Java Application] E:\Program Files (x86)\Java\jre6\bin\javaw.exe (2016-10-9 上午9:25:22)
1
2
3
4
1
2
3
```

图 4-9　运行结果

4.2.3　for 语句

for 语句与 while 语句一样,也是先判断循环,再执行循环体,基本结构如下:

```
for( 初始化部分 ; 循环条件 ; 迭代部分 ){
// 循环体
    }
```

在执行 for 语句时,初始化部分首先被执行,并且只被执行一次,接下来计算作为循环条件的布尔表达式,如果为 true。就执行循环体,接着执行迭代部分,然后计算作为循环条件的布尔表达式,如此反复。

为了验证 for 循环语句的执行过程,做如下示例:

```
for(int i=3;i>0;System.out.println(" 迭代部分：i="+(- -i)))    {
    System.out.println(" 循环体部分：i="+ i);
}
```

运行结果如图 4-10 所示。

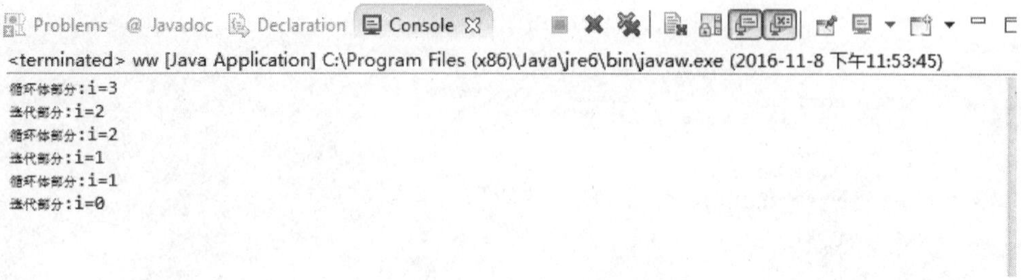

图 4-10   运行结果

在使用 for 语句时，需要注意如下事项：

（1）如果 for 语句的循环体只有一条语句，可以不用大括号。

（2）控制 for 循环的变量常常只用于本循环，而不用在程序的其他地方。在这种情况下，可以在循环的初始化部分声明变量。例如，上面代码段"验证 for 循环的执行过程"中 for 语句的初始化部分的 i 变量就是在 for 语句的初始化部分定义初始化的。但是在 for 语句的初始化部分声明定义的变量起作用范围（即：作用域）仅限于 for 循环语句。不能在 for 语句之外的地方使用。如果用来控制 for 语句循环的变量需要在 for 语句之外使用，那么需要扩大变量的作用范围（即作为域），需要重新定义 for 语句的循环变量，如下所示：

```
int   i;
……//i 的作用范围扩大到 for 语句之前
for(i=3;i>0;System.out.println(" 迭代部分：i="+(--i)))}
    System.out.println(" 循环体部分：i="+i);
}
……//i 的作用范围扩大到 for 语句之后
```

在该示例，把 i 变量重新声明，在 for 语句之前声明，这样同一个变量，在 for 语句里只是使用该变量，并不在 for 语句声明变量，变量的作用域可以从原来的 for 语句扩大到 for 语句之前和 for 语句之后。

（3）作初始化部分和迭代部分可以使用逗号语句。逗号语句是用逗号分隔的语句序列。例如：

```
int   i,k;
for (i=0,k=9;(i<10)&& k>0);i++,k--){
// 循环体
}
```

（4）for 语句的初始化部分、循环条件或者迭代部分都可以为空,如下 for 语句的初始化和迭代部分都为空。

```
    int   n=1;
    boolean   done=false;// 初始化部分
    for(;!done;){
if(n= = 10)done=true;// 迭代部分
n++ ;
    }
```

该例子中 for 语句的初始化部分放作 for 语句之前,迭代部分放在循环体内了,这种编程风格适合初始化部分包括复杂的流程,且循环变量的改变由循环体内的复杂行为来决定的程序情况。

更进一步,for 语句的初始化部分、循环条件或者迭代部分都空,如下所示:

```
    for( 初始化部分 ; 循环条件 ; 迭代部分 ){
    ……// 循环体
    }
```

以上循环始终运行,因为没有终止条件,相当于 while(true){……}。

（5）通常 for 循环用在循环次数预先知道的情况,而 do...while 和 while 则用在循环次数预先不知道的情况。

图 4-11 说明了 while 语句和 for 语句之间的关系。

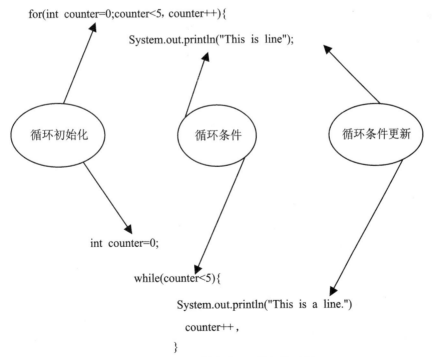

图 4-11　while 语句和 for 语句的对照

4.2.4　多重循环

多重循环就是各种循环语句相互嵌套。如示例代码 4-11 所示：

```
示例代码 4-11    多重循环
public class Test_9 {
    public static void main(String[] args) {
            for    (int i=5;i>0;i--){
                for(int    j=1;j<=   i;j++)
                    System.out.print("*");
                System.out.println();//    打印一换行符


}
        }
    }
```

运行结果如图 4-12 所示。

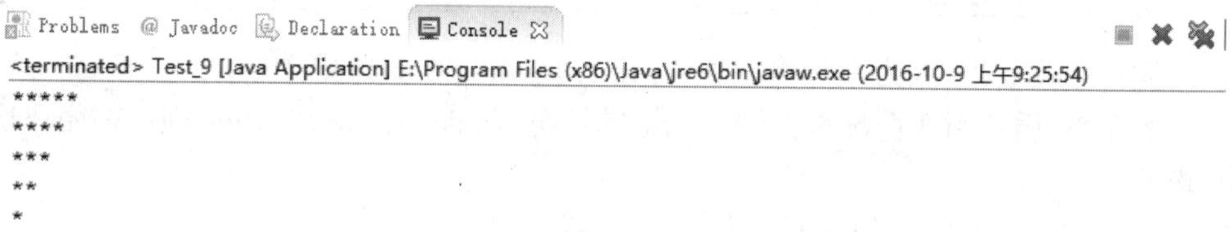

```
Problems  @ Javadoc  Declaration  Console
<terminated> Test_9 [Java Application] E:\Program Files (x86)\Java\jre6\bin\javaw.exe (2016-10-9 上午9:25:54)
*****
****
***
**
*
```

图 4-12　运行结果

4.2.5　选择合适的循环语句

以下是如何选择循环语句的一些方法：

如果预先知道循环的次数或者需要使用一个整型变量，并在每次此循环时都要加上或减去一个固定值，可以用 for 语句。

如果要以通用条件为循环控制条件，则可以考虑使用 while 语句。

以通用条件为循环控制条件，而且循环体中的语句至少要被执行一次，就应该使用 do...while 语句。

另外，还应该注意以下几个问题：

在使用 do...while 循环时，如果循环体中又有一个 if 语句，其所用判断条件与循环体条件一样，就应该仔细考虑选用 do...while 语句是否合理。在这种情况下，使用 while 语句可能更好一些，在循环体运行之前，先对条件进行判断。

若循环是为计数而设计的，一定要确保计数器的值在循环结束时有效。例如，如果在循环结束后，还要把计数器的值减去 1 后才能使用该计数器的值，就说明计数器的初值不正确或者更新计数器的语句在循环体中的位置不合理。

4.3　流程跳转语句

Break、continue、return 语句用来控制流程跳转。

（1）break：从 switch 语句、循环语句或从标号标识的代码块中退出，以下 while 循环用于计算从 1 到 10 和值（示例代码 4-12）。

示例代码 4-12　　在 while 中使用 break 为语句

```java
public class Test_10 {
    public static void main(String[] args) {
        int    a=1,result=0;
        while(true){
            result+=a++;
            if(a==11)break;// 退出循环 ( 循环终止 )
        }
    }
}
```

（2）continue：跳过本次循环，执行下一次循环，或执行标号标识的循环体，如示例代码 4-13 所示，当 a 值等于 10 的时候，跳过本次循环，继续下一次循环。

示例代码 4-13　　在 while 中使用 continue 语句

```java
public class Test_11 {
    public static void main(String[] args){
        int a=1,result=0;
        while(a<20){
            result+= a++;
            if(a==10)continue;// 跳过本次循环,继续下一次循环
            System.out.println(a);
        }
    }
}
/*
在本示例中不会打印输出"10"因为当 a 等于 10 时,本次循环已经在执行 continue
语句时结束,又从 while 开始进入下一次循环,所以当 a 等于 10 时,System.out.println(a)
语句不被执行
*/
```

（3）return：退出本方法，跳转到上一层调用方法，在示例代码 4-14 的 amethod() 方法中，有 3 个 return 语句，一旦流程执行到某个 return 语句，就会立即退出本方法，不再继续执行本方法的后续代码。

示例代码 4-14　在方法中使用 return 语句

```java
public class Test_12 {
    public   void   method(){
        System.out.println(amethod(5));// 打印"88"
    }
    public   int   amethod(int   x){
    if(x>0)return   88;
    if (x==0)return   99;
    return -1;
    }
}
```

在使用 return 语句时需要注意如如示例代码 4-15 所示情况。

示例代码 4-15　需要注意

```java
public class Test_13 {
    public   int   amethod(int   x){
        if(x>0)return   88;
        else   return   99;
        return   -1;
}
    }
```

该示例中，"return   -1"情况永远不会被执行，在程序编译时将报错。

4.3.1   在流程跳转语句中使用标号

break 语句和 continue 语句可以与标号联合使用，标号用来标识程序中的语句，标号的名字可以是任意合法的标识符，如示例代码 4-16 所示。

示例代码 4-16 在流程跳转语句中使用标号

```java
public class Test_14 {
    public static void main(String[] args) {
        loop1:for(int  i= 0;i<5;i++){
            loop2:switch(i){
                case 0:
                    System.out.println("0");
                    break;
                    // 退出 switch 语句
                case 1:
                    System.out.println("1");
                    break    loop2;
                    // 退出 switch 语句
                case 3:
                    System.out.println("3");
                    break    loop1;
                    // 退出 for 循环
                default:
                    System.out.println("default");
                    continue    loop1;
                    // 结束本次 for 循环,开始下一次 for 循环
            }
        }
    }
}
```

在使用标号时,注意事项如下:

(1)在语法上,标号可以用来标识出变量声明语句之外的任何有效语句。

> **注意:**
> Java 语言不支持 goto 语句,因此实际上,只在 while、do...while、for 语句前使用标号才有实际意义。

(2)continue 语句中的标号必须定义在 while、do...while、for 循环语句的前面。

(3)break 语句中的标号必须定义在 while、do...while、for 循环语句或 switch 语句前面。

4.4　小结

✓ 理解 Java 程序流程的概念。

✓ 深入掌握和应用 Java 程序流程控制语句,如:分支语句(if...else、switch)、循环控制语句(while、do...while、for)以及转向语句。

4.5　英语角

if	假如
else	否则
while	当……就继续
switch	开关
for	为了

4.6　作业

1. 循环语句 while 和 do...while 语句的主要区别。

2. 写一程序,输出如下结果:

```
*****
****
***
**
*
```

3. for 循环一般用在什么场合?

4. 写一程序(一个方法),描述公司财务部门发工资的情况可能输出如下信息:

XXX 员工工资大于等于 10000

XXX 员工工资大于等于 5000 小于 10000

XXX 员工工资大于等于 2000 小于 5000

XXX 员工工资大于等于 1000 小于 2000

XXX 员工工资小于 1000,需要补助

4.7　思考题

1. 各个循环语句有些什么特点？
2. 各个分支语句有些什么特点？

4.8　学员回顾内容

1. 分支语句。
2. 循环语句。
3. 标号。

第5章 重载与构造方法

学习目标

◇ 理解方法重载的意义。
◇ 掌握 this、static 关键字的作用。
◇ 掌握成员方法的重载，构造方法的重载。

课前准备

类的成员：属性、方法、构造方法。
成员方法的重载。
构造方法的重载。
this 关键字的使用。
static 关键字的使用。

本章简介

多态性是面向对象程序设计的重要特性之一。多态性分为两种：静态多态和动态多态。方法重载用于实现静态多态性。

通过前面章节学习，我们已经掌握了类的概念及相关知识，本章主要讲解方法重载（overload）及其调用、构造方法的重载及其调用等，然后了解一下在 Java 编程当中经常使用的 this 和 static 关键字。

5.1 方法重载

有时候，类的同一种功能有多种实现方式，到底采用哪种实现方式，却取决于调用者给定的参数，就如同杂技师能训练动物，对于不同的动物有不同的训练方式。

```
    public   void   train(Dog   dog){
        // 训练小狗站立、排队、做算术
        //……
    }
    public   vaid   train(Monkey   monkey){
// 训练小猴敬礼、翻筋斗、骑自行车
//……
    }
```

对于类的方法,如果两个方法的方法名相同,但参数不一致,那么可以说,一个方法是另一个方法的重载方法。

重载方法必须满足以下条件:

方法名相同;

方法参数类型、个数至少有一项不同;

方法的返回类型可以不相同;

方法的修饰符可以不相同。

在一个类中不允许定义两个方法名相同,并且参数的类型和个数也完全相同的方法,因为假设如存在这样两个方法,Java 虚拟机在运行时无法决定到底执行哪个方法。

方法重载是一个令人激动的特性,但是也不能滥用,只有对不同的数据完成基本相同的任务的方法才重载,使用重载的优点是:

不必对相同的操作使用不同的方法名;

有助于更轻松地理解和调试代码;

更易于维护代码。

5.1.1 参数类型不同的重载

只要参数的类型不同,Java 编译器就能够区分各个带有相同个数的参数的重载方法,通过方法重载,程序员的工作得以简化了一些,因为方法重载减少了你要记住的方法名。例如java.lang.Math 类的 max() 方法能够从两个数字中取出最大值,它有多种实现方式。

```
    public   static   int   max(int a,int b)
    public   static   int   max(long a,long b)
    public   static   int   max(float a,float b)
    public   static   int   max(double a,double b)
```

以下程序多次调用 Math 类的 max() 方法 , 运行时, Java 虚拟机先判断给定参数的类型 , 然后决定到底执行哪个 max() 方法:

```
// 参数均为 int 类型，因此执行 max(int  a,int  b)  方法
Math.max(1,2)
// 参数均为 float 类型，因此执行 max(float  a,float  b) 方法
Math.max(1.0F,2.0F)
// 参数中有一个是 double 类型，自动把另一个参数 2 转换为 double 类型
// 执行 max(double  a,double  b)
Math.max(1.0,2);
```

下面的程序中定义了一个 Account 类，在 Account 类中定义两个重载方法，sum 分别求两个整型数及两个浮点数的和，参见示例代码 5-1：

示例代码 5-1　定义两个重载方法，分别求两个整型数及两个浮点数的和

```
package chapter0501;
class  Account{
    public  void  sum(int a,int  b){// 重载方法，求两个整型数的和
        int  result=a+b;
        System.out.println(result);
}
    public  void  sum (double  a,double  b){// 重载方法，求两个浮点数的和
        double  result=a+b;
        System.out.println(result);
    }
    }
public  class  AccountTest{
    public  static  void  main  (String[]  args){
        Account  acc=new  Account();
        acc.sum(10,15);      // 第一次调用重载方法 sum
        acc.sum(11.4,20.5); // 第二次调用重载方法 sum
}
    }
```

在 Account Test 类的 main 方法中先产生了一个 Account 类的对象，然后两次调用 sum 方法，在第一次调用传入两个整型参数，Java 编译器将会去调带有两个整型参数的重载方法：public void sum(int a, int b)。在第二次调用中传入两个浮点型参数，Java 编译器将会去调用带有两个浮点型号参数的重载方法，public void sum(double a, double b)。

运行结果如图 5-1 所示。

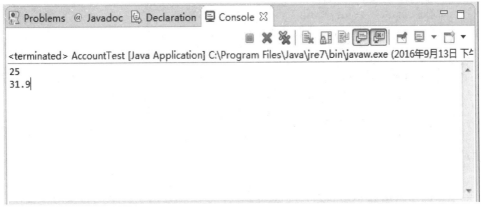

图 5-1　运行结果

5.1.2　参数个数不同的重载

除了对不同的数据类型进行方法重载外,对于方法调用中参数个数不同的情况也可以进行方法重载。以下面的示例为例:

```
public  int  sum  (int  a,int  b);
public  int  sum(int  a,int  b,int  c);
```

当调用 sum 方法时,编译器会将实参的类型和个数与 sum 方法形参进行比较,以调用参数匹配的方法,如果没有匹配的方法,编译器会产生一个错误。

下面程序重新定义了 Account 类,在 Account 类中定义两个方法 sum,分别求两个整型数及三个整型数的和,参见示例代码 5-2:

示例代码 5-2　定义两个重载方法,分别求两个整数及三个整数的和

```
class  Account{
    public  int  sum(int  a,int  b){// 重载方法 , 个整型数的和
        int  result=a+b;
        return  result;
    }
    public  int  sum  (int  a,int  b,int  c){// 重载方法 , 求三个整型数的和
        int  result=sum(a,b);
        result=sum(result,c);
        return  result;
    }
}
public  class  AccountTest1{
```

```
public    static    void    main(String[]args){
    Account acc=new    Account ();
    int    result=acc.sum(10,15);// 第一次调用重载方法 sum
    System.out.println(" 两个数的和为："+result);
    result=acc.sum(10,15,20);// 第二次调用重载方法 sum
    System.out.println(" 三个数的和为："+result);
    }

}
```

在第一次调用 sum 方法时传入两个整型参数，Java 编译器将会调用带有两个整型参数的重载方法：public int sum(int a,int b)。在第二次调用中传入三个整型参数，Java 编译器将会调用带有三个整型参数的重载方法：public int sum(int a,int b,int c)。

运行结果如图 5-2 所示。

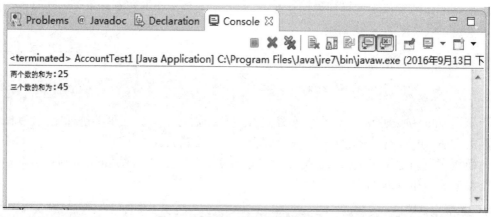

图 5-2　运行结果

5.2　构造方法

初始化一个对象的最终步骤是去调用这个对象的构造方法,构造方法负责对象的初始化工作,为实例变量赋予合适的初始值,构造方法必须满足以下语法规则：

方法名必须与类名相同；

不要声明返回类型。

例如：如果有一个方法：尽管方法名和类名相同,但是如果有 void、int 等返回类型都不是构造方法。

> 注意：
> 当类中没有定义构造方法时将使用默认构造方法。

5.2.1 重载构造方法

当通过 new 语句创建一个对象时,在不同的条件下,对象可能会有不同的初始化行为。例如对于公司新来的一名雇员,在开始的时候他的姓名和年龄是未知的,也有可能仅仅他的姓名是已知的。如果姓名是未知的,就暂且把姓名设为"无名氏",如果年龄是未知的,就暂时把年龄设为 -1。

可以通过重载构造方法来表达对象的多种初始化行为。Employee 类的构造方法有 3 种重载形式,如示例代码 5-3 所示:

示例代码 5-3　参与测试构造方法重载的实体类 Employee

```
class   Employee{
    private   String   name;
    private   int   age;
/* 当雇员姓名和年龄都已知 , 就调用此构造方法 */
    public   Employee (String   n,int   a){
        name=n;
        age=a;
    }

    /* 当雇员的姓名已经知道 , 但年龄未知 , 就调用此构造方法 */
    public   Employee(String   n){
        name=n;
        age=-1;
    }
/* 当雇员的姓名和年龄都未知 , 就调用此构造方法 */
public   Employee(){
    name=" 无名氏 ";
    age=-1;
}
public   void   setName(String   n){name =n;}
public   String   getName(){return   name;}
public   void   setAge(int   a){age=a;}
public   void   display(){
    System.out.println(" 姓名:"+name);
    System.out.println(" 年龄:"+age);
    }
}
```

对以上程序分别通过 3 个构造方法创建了 3 个 Employee 对象,然后分别调用 display() 方法输出雇员信息,如示例代码 5-4 所示:

示例代码 5-4   参与测试构造方法重载的测试类 EmployeeTest

```java
public class EmployeeTest {
    public static void main(String[] args) {
        Employee   zhangfei=new    Employee(" 张飞 ",25);
        Employee   guanyu=new    Employee(" 关羽 ");
        Employee   someone=new    Employee();
        zhangfei.display();
        guanyu.display();
        someone.display();
    }
}
```

运行结果如图 5-3 所示。

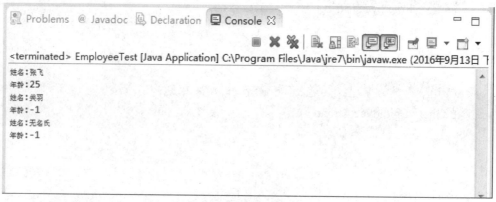

图 5-3   运行结果

从上面的示例中我们知道,一个类可以有多个构造方法,也就是我们可以为类重载多个构造方法,重载的构造方法可以以不同方式初始化类对象,要重载构造方法,我们只要提供具有不同的参数列表的构造方法声明。不同的参数列表具有不同的参数个数或者参数类型不同。

5.2.2   默认构造方法

默认是没有参数的构造方法,可分为两种:

隐含的默认构造方法;

程序显式定义的默认构造方法。

在 Java 每个类中至少有一个构造方法,为了保证这一点,如果用户定义的类中没有提供任何的构造方法,那么 Java 语言自动提供一个隐含的默认构造方法:该构造方法没有参数,用 public 修饰,而且方法体为空,格式如下:

```
public   className(){}
```

在下面的程序中,Employee 类没有定义任何构造方法,Java 为编译器将自动提供一个隐含的默认构造方法：public　Employee(){}，如示例代码 5-5 所示：

```
示例代码 5-5    默认构造方法
  public   class   EmployeeTest1{
  public   static   void   main   (String[] args){
  Employee1   someone=new   Employee1();// 调用默认构造方法
  someone.display();
  someone.setName(" 张飞 ");
  someone.setAge(25);
  someone.display();
    }
  }
class   Employee1{
    private   String   name;
    private   int   age;
    public   void   setName(String   n){name=n;}
    public   void   setAge(int   a){age=a;};
    public   void   display(){
System.out.println(" 姓名:"+name);
System.out.println(" 年龄:"+age);
    }
  }
```

运行结果如图 5-4 所示。

图 5-4　运行结果

如果类中显式定义了一个或多个构造方法，并且所有的构造方法都带参数，那么这个类就失去了默认构造方法，这种情况下使用 new 来生成对象会导致编译出错。

```
    classEmployee{
private　String　name;
private　int　age;
  /* 显式定义一个带参数的构造方法，编译器将不再提供隐含的默认构造方法 */
  public　Employee(String　n){
      name=n;
      age=-1;
  }
  //……
  }
  public　class　EmployeeTest{
      Public　static　void　main　(String []args){
Employee　guanyu=new　Employee(" 关羽 ");// 正确，调用显式定义的构造方法
Employee　someone=new　Employee();// 编译错误，没有默认的构造方法可用
//……
  }
  }
```

要解决上面的问题，你可以在 Employee 类中显式的定义默认构造方法：

```
    public　Employee(){}　　　// 程序显式的定义默认构造方法
```

在显式的定义默认构造方法时，你也可以在其中根据自己需要指定该构造方法创建对象时的行为。例如：

```
    public　Employee(){// 程序显式定义默认构造方法，并给实例变量赋默认值
      name=" 无名氏 ";
      age=-1;
  }
```

5.3　this 关键字

当局部变量（或方法参数）与一个实例变量同名时，这个名字实际表示的是局部变量，我们称这种情况为局部变量隐藏了实例变量。我们来看看下面的实例代码：

```
class   Employee{
    private   String   name;
    private   int   age;

    public   Employee(String   name,int   age){
        name=name;
        age=age;
    }
}
```

在构造方法使这样的语句 name=name，这是没有任何意义的。因为赋值号左右两边的变量 name 是同一个变量，即方法的参数 name。如果程序确实使用了与实例变量同名的参数，可以用关键字 this 来区分参数和实例变量，如下所示：

```
class   Employee{
    private   String   name;
    private   int   age;
    public   Employee(String   name,int   age) {
this.name=name;
 this.age=age;
}
    }
```

this 是一个引用，该引用始终指向程序对象本身。所以，this.name 就表示对象本身的实例变量 name。

在构造方法中可以使用 this 关键字调用同一个类中其他的重载构造方法。如示例代码 5-6 所示：

示例代码 5-6　使用 this 关键字调用同一个类中其他的重载构造方法

```
public class Employee2{
    private   String   name;
    private   int   age;
/* 当雇员的姓名和年龄都已知 , 就调用此构造方法 */
    public   Employee2(String   name,int   age){
        this.name=name;
        this.age=age;
}
```

```
/* 当雇员的姓名已知 , 但年龄未知 , 就调用此构造方法 */
public    Employee2(String    name){
    this(name,-1);
}
/* 当雇员的姓名和年龄都未知 , 就调用此构造方法 */
public    Employee2(){
    this("无名氏");
    }

}
```

在 Employee(String name) 构造方法中，this(name,-1) 语句用于调用 Employee(String name,int age) 构造方法。在 Employee() 构造方法中，this(" 无名氏 ") 语句用于调用 Employee(String name) 构造方法。

用 this 语句来调用其他的构造方法时，必须遵守以下语法规则。

假如在一个构造方法中使用了 this 语句，那么它必须作为构造方法的第一条语句（不考虑注释语句）。

只能在一个构造方法中用 this 语句来调用类的其他的构造方法，而不能在实例方法中用 this 语句来调用类的构造方法。

只能用 this 语句来调用其他构造方法 , 而不能通过方法名来直接调用构造方法。

5.4   static 关键字

在我们所举的所有例子当中可以看到，main 方法都被标记上了 static。下面我们来了解一下 static 关键字。

static 关键字可以用来修饰类的成员变量、成员方法和代码块。

用 static 修饰的成员变量表示静态变量，可以直接通过类名来访问。

用 static 修饰的成员方法表示静态方法 , 可以直接通过类名来访问。

用 static 修饰的程序代码块表示静态代码块，当 Java 需加载类时就会执行该代码块。被 static 所修饰的成员变量和成员方法表明该成员归某个类所有。它不依赖于类的特定实例，被类的所有实例所共享。

1. static 变量

类的成员变量有两种，一种是被 static 修饰的变量，叫做静态变量或类变量，另一种是没有被 static 修饰的变量，叫做实例变量。

静态变量和实例变量的区别如下：

静态变量在内存中只有一个拷贝，运行时 Java 虚拟机只为静态变量分配一次内存，在加载类的过程中完成静态变量的内存分配。可以直接通过类名访问静态变量，也可以通过类的实例来访问静态变量。

对于实例变量,每创建一个实例,就会为实例变量分配一次内存,实例变量可以在内存中有好几个拷贝。每个拷贝属于特定的实例,互不影响,如示例代码 5-7 所示:

示例代码 5-7　定义了一个带有静态变量的类

```java
public class SampleTest {
    public static void main(String[] args) {
        Sample    s1=new    Sample();
        Sample    s2=new    Sample();
        System.out.println(s1.count);
        System.out.println(s2.count);

    }
}
class    Sample{
    static    int    count=0;// 定义一个静态变量 , 并初始化为零
    public    Sample(){
      count++;        //    构造方法中访问 count 静态变量
    }
}
```

运行结果如图 5-5 所示。

图 5-5　运行结果

在上面的程序代码中,如果我们原先不知道 count 是静态变量,则可能会认为 s1.count 和 s2.count 的值分别被置为 1。但事实上它们都被置为 2,因为 s1.count 和 s2.count 指的是同一个变量(静态变量)。也就是说 Sample 类的所有实例共用一个 count,当每次调用构造方法创建 sample 类的实例时都会递增 count 的值,以此可以统计已经创建了多少个实例。

引用静态变量的更好方法是通过类的名称来实现:

```
Sample    s1=new    Sample();
Sample    s2=new    Sample();
System.out.println(Sample.count);// 通过类名访问静态变量
```

static 变量在某种程度上与其他语言（如 C 语言）中的全局变量相似。Java 语言不支持不属于任何类的全局变量，静态变量提供了这一功能。

2. static 方法

成员方法分为静态方法和实例方法，用 static 修饰的方法叫做静态方法，或类方法。静态方法也和静态变量一样，不需要创建类的实例，可以直接通过类名来访问，如示例代码 5-8 所示：

示例代码 5-8　　测试静态方法

```
public  class  Sample1{
    public  static  int  method(int  x,int  y){// 静态方法
        return  x+y;
    }
}
class  Sample2{
    public  void  method2(){
        int  x=Sample1.method(3,6);// 通过 Sample1 类名访问 method 静态方法
    }
}
```

静态方法可访问的内容：

因为静态方法不需要通过它所属的类的任何实例就会被调用，因此在静态方法中不能使用 this 关键字，也不能直接访问所属类的实例变量和实例方法，但是可以直接访问所属类的静态变量和静态方法。

实例方法可以访问的内容：

如果一个方法没有被 static 修饰，那么它就是实例方法，在实例方法中可以直接访问所属类的静态变量、静态方法、实例变量和实例方法。

```
public   class   Sample1{
    int i;        // 实例变量
    static   int j;// 静态变量
    public   static   void   method1(int   a,int   b){// 静态方法
        i=a;        // 编译错误,静态方法不能访问实例变量
        j=b;        // 正确,静态方法只能访问静态变量
}
public   int   method2(int   a,int   b){// 实例方法
    i=a;        // 正确,实例方法可以访问实例变量
    j=b;        // 正确,实例方法可以访问静态变量
    return   i+j;
}
    }
```

　　作为程序入口的 main() 方法是静态方法。因为把 main() 方法定义为静态方法,可以使得 Java 虚拟机只要加载了 main() 方法所属的类就能执行 main() 方法,而无须先创建这个类的实例。

3. static 代码块

　　类中可以包含静态代码块,它不存在任何方法体中。在 Java 虚拟机加载类时会执行这些静态代码块,如果类中包含多个静态块,那么 Java 虚拟机将按照它们在类中出现的先后顺序执行它们,每个静态代码块只会执行一次。例如以下 Sample 类中包含两个静态代码块。运行 Sample 类的 main() 方法时,Java 虚拟机首先加载 Sample 类,在加载的过程中依次执行两个静态代码块。Java 虚拟机加载 Sample 类后,再执行 main() 方法。如示例代码 5-9 所示:

```
示例代码 5-9    练习静态代码块
public   class   Sample3{
    static   int   i=5;
    static{
        System.out.println("First   Static   code   i= "+i);
        i++;
    }
    static{                              //第二个静态代码块
        System.out.println("Second   Static   code   i="+ i);
        i++;
    }
```

```
public   static   void   main(String   args[])   {
    Sample   s1=new   Sample();
    Sample   s2=new   Sample();
    System.out.println("At   last   i="+i);
}
}
```

运行结果如图 5-6 所示。

```
Problems  @ Javadoc  Declaration  Console ☒

<terminated> Sample3 [Java Application] C:\Program Files\Java\jre7\bin\javaw.exe (2016年9月13日 下午10

First  Static  code  i= 5
Second  Static  code  i=6
At  last  i=7
```

图 5-6   运行结果

从以上程序我们可以知道,类的构造方法用于初始化类实例,而类的静态代码块则可以初
始化类,给类的静态变量赋初值,静态代码块与静态方法一样,也不能直接访问类的实例变量
和实例方法,而必须通过实例的引用来访问它们。如下所示:

```
public   class   Shape   {
    private   int   i;              // 实例变量
    private   static   int   j; // 静态变量
    static   {
        i=10;              // 编译出错,不能访问实例变量
        Method1()    // 编译出错,不能访问实例方法
        j= 20;          // 正确,可以访问静态变量
        Method2();      // 正确,可以访问静态方法
    }
    public   void   method1(){i++;}          // 实例方法
    public   static   void   method2(){j++;}  // 静态方法
```

5.5　小结

✓ 重载方法是一组具有相同名称的方法,调用重载方法时将执行哪一个方法取决于调用时提供的参数类型和参数的个数。

✓ 构造方法用于完成对象的初始化工作,当创建一个对象时将会调用构造方法。构造方法的重载为创建对象提供了多种方式,提高了编程灵活性。

✓ this 是一个引用,它始终指向当前对象本身。

✓ static 所修饰的成员变量和成员方法表明该成员归某个类所有,它不依赖于类的特定实例,被类的所有实例所共享。static 块用于执行类的初始化工作。

5.6　英语角

overload	重载
constructor	构造方法
instance	实例
static	静态

5.7　作业

1. 编写两个名为 area 的重载方法:第一个方法带有一个 int 参数,该方法求正方形的面积;第二个方法带有两个 int 参数,该方法求长方形的面积。两个方法都返回 int 型。

2. 编写一个 Person 类,包含姓名,性别,年龄,婚姻状况等属性,编写重载构造方法以实现多种创建对象的方式。注意在构造方法中使用 this 关键字。

5.8　思考题

什么是重载?构造方法的重载的意义是什么?

5.9　学员回顾内容

1. 方法重载。
2. this、static 关键字。

第 6 章　Java 预定义类和包

学习目标

✧ 了解 Java 类库的作用。
✧ 理解 Java 类的组织形式：包。
✧ 掌握使用类库中预定义的类，以及应用对象的属性、方法等。
✧ 掌握使用包来组织 Java。

课前准备

Random 类。

本章简介

Java 中有两种模块：类和方法。借助 Java 应用编程接口（Java Application Programming Interface，Java API 或 Java 类库）和其他各种类库中可用的、"预先打包的"类和方法，程序员可以编写出新的类和方法，通过组合这些新的类和方法，便可编写出 Java 程序。JavaAPI 提供了大量的类，这些通过"包"的形式组织起来，使用这些类可以执行常见的数学计算、字符串操作、字符操作、输入 / 输出操作、错误检查以及其他许多有用的方法，这些类使得程序编写变得容易。应该尽可能多地熟悉 Java API 中丰富的类和方法。

通过前面几章的学习，已经初步建立起了类和对象的概念。本章主要通过使用 Java 类库中的预定义来进一步加深对类和对象的理解。

6.1　java.lang 包

java.lang 包是 Java 类库中最基础的包，这个包提供了利用 Java 编程语言进行程序设计的一些基础类，其中包括：Object、System、Math、String、StringBuffer、基本数据类型包装类如 Intenger。到目前为止，使用过 System 类在屏幕上打印文本信息，使用 String 类声明字符串变量等。

通常情况下，在 Java 程序中使用外部类，需要使用关键字 import 导入该类。例如：要在自己编写的类中使用 String 类，可以在 Java 源文件的开头处将 java.lang.String 类导入。示例代码如下：

```
import   java.lang.String;
class   My Class{
    public   static   void   main(String[]   args){
        String   s="Hello";
        System.out.println(s);
    }
}
```

　　事实上 java.lang 包在任何一个 Java 应用程序中都会自动导入，也就是说 java.lang 包下的所有类不需要导入就可以直接在你的应用程序中使用。所以在上面的示例中的第一条语句：import java.lang.String; 可以把它省略。关于包的概念在本章的后面部分讲解。接下来讨论 java.lang 包中的几个常用类。

6.2　Math 类

　　Math 类属于 java.lang 包，该类提供了大量可用于执行常用数学计算的方法。Math 类是一个静态类（static class）。这就意味着你只能使用它的方法，而不能从这个类创建对象。调用 Math 类的方法的书写格式为：

　　类名 . 方法名 (参数);

　　例如，程序员要计算 900.0 的平方根的应用写成：

```
Math.sqrt(900.0);
```

　　该语句执行时将调用静态的 Math 类的方法 sqrt 来计算参数的平方根。如果想要将方法调用的结果输出可以写为：

```
System.out.println(Math.sqrt(900.0));
```

　　方法的参数可以是常量、变量或表达式。例如：a=16.0, b= 4.0, c=5.0, 计算出输出这三个数的和的平方根，如示例代码 6-1 所示：

示例代码 6-1　求三个数和的平方根

```
public class MathTest {
    public static void main(String[] args) {
        // TODO Auto-generated method stub
        double   a=16.0;
```

```
        double    b=4.0;
        double    c=5.0;
        System.out.println(Math.sqrt(a+b+c));
    }
}
```

运行结果如图 6-1 所示。

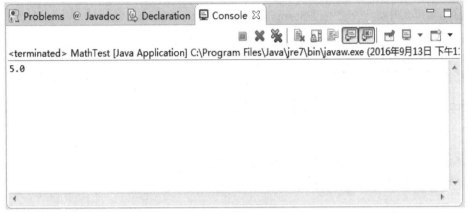

图 6-1　运行结果

Math 类还声明了两个常量：Math.P1 为圆周率，Math.E 是自然对数的基。

Math 类的常用方法总结如表 6-1 所示。

表 6-1　Math 常用方法

方法	示例	示例
abs(x)	x 的绝对值	abs(-33.3) 等于 33.3
ceil(x)	比 x 大的最小整数	ceil(9.1) 等于 10.0
floor(x)	比 x 小的最大整数	floor(9.6) 等于 9.0
max(x, y)	x 和 y 中较大的那个值	max(33.3, 13.3) 等于 33.3
min(x, y)	x 和 y 较小的那个值	min(33.3, 13.3) 等于 13.3
pow(x, y)	x 的 y 次幂	pow(2.0, 4.0) 等于 16.0
sqrt(x)	x 的平方根	sqrt(16.0) 等于 4.0
round(x)	x 四舍五入到整数	round(12.5) 等于 13
sin(x)	x 的三角正弦值（x 以弧度为单位）	sin(0.0) 等于 0.0
cos(x)	x 的三角余弦值（x 以弧度为单位）	cos(0.0) 等于 1.0
tan(x)	x 的三角正切值（x 以弧度为单位）	tan(0.0) 等于 0.0
exp(x)	指数方法 e 的 x 次幂	exp(1.0) 等于 2.71828
log(x)	x 的自然对数（以 e 为基底）	log(Math.E) 等于 1.0

6.3　String 类

字符串是很熟悉的内容,在 C 语言中也经常需要处理字符串。和 C 语言将字符串作为字符数组处理不同,在 Java 中提供了字符串类"String"。将字符串作为 String 类型的对象来处理可以简化连续字符的处理。

在前几章学习中,已经使用过 String 类,来看如下的语句:

```
String    city="Washington";// 字符串常量
String    country="USA";
```

String 类是一个很特殊的类,不使用关键字就可以创建实例。上面的语句可以写成下面的形式:

```
String   city =new    String("Washington");
String   country=new    String("USA");
```

图 6-2 所示表明了这两个引用。

图 6-2　对象引用

两个或多个字符串可以用"+"运算符连接起来,从而获得一个新字符串。

```
String   claim=city+"is   the   capital   of "+country;
```

此时,字符串 claim 的值为"Washington   is   the   capital   of   USA"。

在 Java 程序中使用字符串常量池来存放程序中所创建的字符串常量。当一个新字符串常量被创建时,系统会搜索字符串常量池,如果池中已存在字符串,则不再创建新的实例,而是将池中原有的实例赋予新字符串。

下面的例子:

```
String   city="New    York";
String   destination="New    York";
```

分析一下这两条语句:

首先在字符串常量池中为变量 city 创建了一个实例"New   York",在创建于 city 具有相同值的变量 destination 时,系统将常量池中现有的字符串"New   York"赋值给 destiation,于是变量 city 和 destination 都指向了常量池中同一个字符串,如图 6-3 所示。

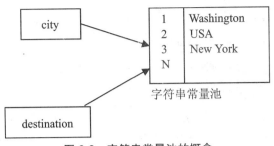

图 6-3　字符串常量池的概念

6.3.1　String 类的构造方法

String 类提供了 9 个构造方法,以不同的方式来初始化 String 对象,下面介绍几个常用的构造方法:

```
String()
```

默认构造方法,用于实例化一个新的 String 对象,这个新的对象不包含任何字符即空字符串,其长度为 0。例如:

```
String   str=new   String();
String   (String   s);
```

用一个 String 对象的副本来实例化一个新的 String 对象,这个新的 String 对象具有和参数字符串 s 相同的值。例如:

```
String   str=new   String("Hello");
String(char[   ]   c);
```

用一个字符数组作为参数来实例化一个新的 String 对象,这个新的 String 对象包含该数组中字符的一个副本。例如:

```
char [   ]   charArr={'w', 'i', 's', 'h'};
String   str=new   String   (charArr);
```

以下程序清单演示了这几个构造方法,如示例代码 6-2 所示:

> 示例代码 6-2　测试 String 的构造方法
>
> ```
> public   class   StringConstuctors{
>     public   static   void   main(String[]args){
>         String   str1=new   String();
>         String   str2=new   String("Hello");
>         char[] charArr={'x','t','g','j'};
> ```

```
            String    str3=new    String(charArr);
            System.out.println("str1: "+str1);
            System.out.println("str2: "+str2);
            System.out.println("str3: "+str3);
        }
    }
```

运行结果如图 6-4 所示。

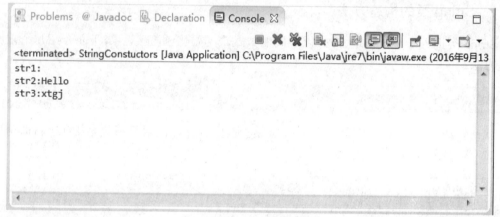

图 6-4　运行结果

6.3.2　String 类的方法

在 String 类中大约定义了 50 种方法,这仅介绍最简单常用的方法。

1. int length()

确定字符串长度,即字符串中的字符个数,返回值为整型,例如:

```
    String    str="Hello    Wish";
    int     len=str1.length();
```

变量 len 获得的值为 10。

2. char charAt(int   index)

获取字符串中某一指定位置的字符。其中 index 是字符串的下标, index 的值必须是非负的整数,它指定了在字符串中的位置。例如:

```
    String    str=new    String("Hello    Wish")
    char    ch=str.charAt(6);
```

字符串字符位置的编号是从 0 开始的,所以变量 ch 获得的值为"W"。

3. int indexOf(char c) 和 int indexOf(String s)

返回字符串中指定字符或子字符串首次出现的索引位置,如果没有找到则返回 -1。

例如：

```
String   str="Hello   Wish";
int   pos1=str.indexOf('s');// 返回字符"s"首次出现的位置 8
int   pos2=str.indexOf("Hello");// 返回子串"Hello"首次出现的位置 0
```

4. String substring(int start，int end) 和 String substring(int start)

返回字符串中从指定位置开始到指定位置结束的子字符串，如果没有指定子串的结束位置则到字符串的结尾。例如：

```
String   str="Hello   Wish";
String   sub1=str.substring(0，5);
```

返回字符串中下标从 0 到 5（不包括 5）之间的子字符串"Hello"。

```
String   sub2=str.substring(6);
```

返回字符串中下标从 6 开始到结尾的子字符串"Wish"。

5. String toUpperCase()

返回与原字符串对应的全部字符串为大写的新字符串。例如：

```
String   str="Hello   Wish";
String   upper=str.toUppreCase();
```

变量 upper 获得的值为"HELLO　 WISH"。

6. String toLowerCase()

返回与原字符串对应的全部字符为小写的新字符串。例如：

```
String   str="Hello   Wish"。
String   lower=str.toLowerCase();
```

变量 lower 获得的值为"hello　 wish"。

7. String trim()

返回除去原字符串左右两端空格后的新字符串，这里的空格包括空格符 ' ' 以及不可见的空白字符 ' 如 '\n'、'\t' 等。例如：

```
String   str="    Hello   Wish   ";
String   trimStr=   str.trim();
```

变量 trimStr 获得的值为去掉两端空格后的字符串"Hello　 Wish"。

以下程序清单使用了 String 类的一些方法，如示例代码 6-3 所示：

示例代码 6-3　　测试 String 的常用方法

```java
public    class    TestString{
public    static    void    main    (String[]    args){
        //TODO    Auto-generated    method    stub
        String    text="Hello    xtgj";
        int    len=text.length();
        char    ch=text.charAt(6);
        int    pos=text.indexOf('s');
        String    sub =text.substring(0,5);
        String    upper=text.toUpperCase();
        String    lower=text.toLowerCase();
        System.out.println(" 原字符串是:"+text);
        System.out.println(" 字符串长度为:"+len);
        System.out.println(" 索引为 6 的字符串是:"+ch);
        System.out.println(" 字符 s 的索引位置是:"+pos)    ;
        System.out.println(" 索引从 0 到 5 的子串为:"+ sub);
        System.out.println(" 大写字符串为:"+upper);
        System.out.println(" 小写字符串为:"+lower);
        System.out.println(" 原字符串是:"+text);
    }
}
```

运行结果如图 6-5 所示。

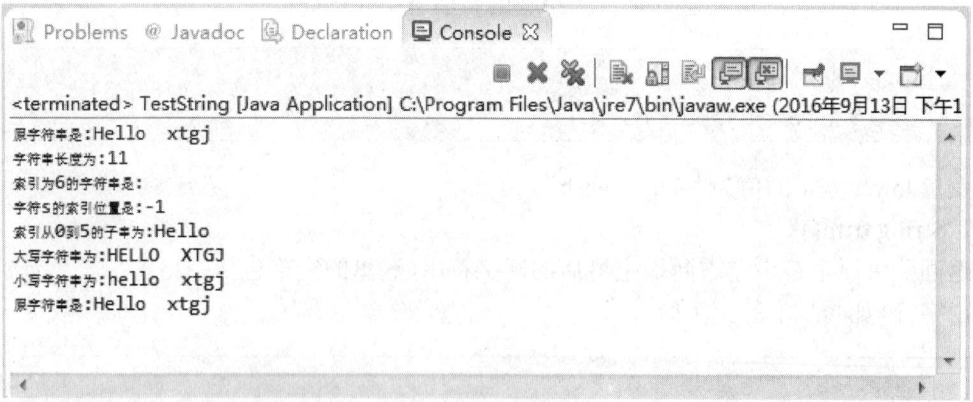

图 6-5　运行结果

以上样例说明:

字符串的所有方法都不会改变自身的内容。toUpperCase(),toLowreCase() 方法会创建一个新的 String 类实例,并将其引用返回。

可以使用 charAt(n) 方法来截获字符串中的一个字符。length() 方法返回字符串中包括空格在内的全部字符个数。字符的下标从 0 开始,如果字符串的长度为 6,那么每个字符对应的下标分别为 0、1、2、3、4、5。

6.3.3　字符串比较

对两个对象进行比较时,如果使用"＝＝"运算符可能产生逻辑错误,这也是在编程中的一个常见错误。因为该运算符是比较两个引用是否指向同一个对象,而不是比较两个对象是否具有相等的内容。例如:

```
String s1=new String("hello");
String s2=new String("hello");
if(s1＝＝s2){
……
}
```

虽然字符串 s1 和 s2 的内容相同,但是"s1＝＝s2"比较的结果仍为"false",因为 s1 和 s2 分别指向两个不同的对象。

再来看一个示例:

```
String s1="hello";
String s2="hello";
if(s1＝＝s2){
……
}
```

在这里"s1＝＝s2"比较的结果为"true",因为 s1 和 s2 指向字符串常量池中的同一个字符串。这在 String 类的先面部分已经讨论过。

由此可见,如果要比较两个对象的引用是否相同可以使用"＝＝"运算符,但是如果使用"＝＝"比较两个对象的内容是否相同将不可避免地会带来错误。在比较对象是否具有相同的内容时,应使用 equals 方法。

对象的 equals 方法将另一个对象作为参数来和自己进行比较,如果内容相同返回 true,否则返回 false。equals 方法调用的格式为:

```
object1.equals(object2);
```

下面程序演示了 equals 方法的使用,如示例代码 6-4 所示:

示例代码 6-4　　测试 String 类的 equals() 方法

```
public  class  StringCompare{
    public  static  void  main (String[ ]  args){
      String  s1=new  String("morning");
```

```
String    s2=new    String(s1);
        if(s1.equals(s2)){
            System.out.println("Good "+s1);
        }
        else{
            System.out.println("Bye-bye");
        }
    }
}
```

运行结果如图 6-6 所示。

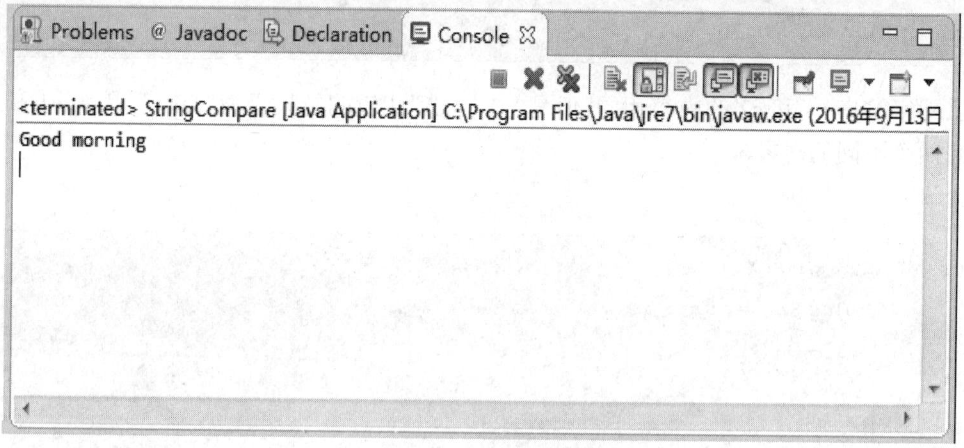

图 6-6 运行结果

6.4 StringBuffer 类

String 类提供了许多字符串处理功能,然而一旦创建了 String 对象,则它的内容就永远不会改变,现在讨论 StringBuffer 类的创建和动态操作字符串的特性,即可修改的字符串。

每个 StringBuffer 对象都能够存储由其容量指定的字符。如果超出了 StringBuffer 对象的容量,则容量就会自动地扩大,以容纳多出来的字符。

6.4.1 StringBuffer 类的构造方法

StringBuffer 类提供了三个构造方法:

1. StringBuffer()

默认构造方法,创建一个不包含字符且容量 16 个字符(StringBuffer 的默认容量)的 StringBuffer 对象。例如:

> StringBuffer　buffer=new　StringBuffer();

2. StringBuffer(int)

使用一个整数为参数，创建一个不包含字符、初始容量由整数型参数指定的 StringBuffer 对象。例如：

> StringBuffer　bubffer=new　StringBuffer(10);

3. StringBuffer(String)

使用一个 String 作为参数，创建一个 StringBuffer 对象，该对象包含 String 参数中的字符，且初始容量等于 String 参数中的字符数再加上 16，例如：

> StringBuffer　buffer=new　StringBuffer("Hello");

6.4.2　StringBuffer 类的方法

1. length()
返回 StringBuffer 对象的当前字符数目。

2. capacity()
在不需另外分配内存的情况下，返回 StringBuffer 对象可以存储的字符数目。

3. setCharAt(int inder,char ch)
以一个整数和字符为参数，将 StringBuffer 对象中指定位置的字符替换为参数中的字符。

4. reverse()
颠倒 StringBuffer 对象中的内容。

5. append()
将参数转换为一个字符串，然后把它添加到 StingBuffer 对象的末尾。该参数可以是各种基本类型、字符数组、String 对象等。

6. insert(int offset,string str)
在 StringBuffer 对象的指定位置插入类型的值。

7. delete(int start,int end) 和 deleteCharAt(int index)
在 StringBuffer 对象的指定位置删除 1 个或多个字符。

下面的程序清单演示了 StringBuffer 类的使用方法，如示例代码 6-5 所示：

示例代码 6-5　测试 StringBuffer 类的常用方法

```
public    class TestStringBuffer{
  public   static   void   main(String[ ]arge){
    StringBuffer   buffer=new    StringBuffer("xtgj");
    System.out.println(buffer.toString());
    System.out.println(" 长度为："+buffer.length());
    System.out.println(" 容量为："+buffer.capacity());
```

```
            buffer.setCharAt(0,'X');
            buffer.append('！');
            buffer.append("Here  we  are! ");
            buffer.insert(0,"Hello ");
            System.out.println(buffer.toString());
            System.out.println(" 长度为："+  buffer.length());
            System.out.println(" 容量为："+buffer.capacity());
        }
    }
```

运行结果如图 6-7 所示。

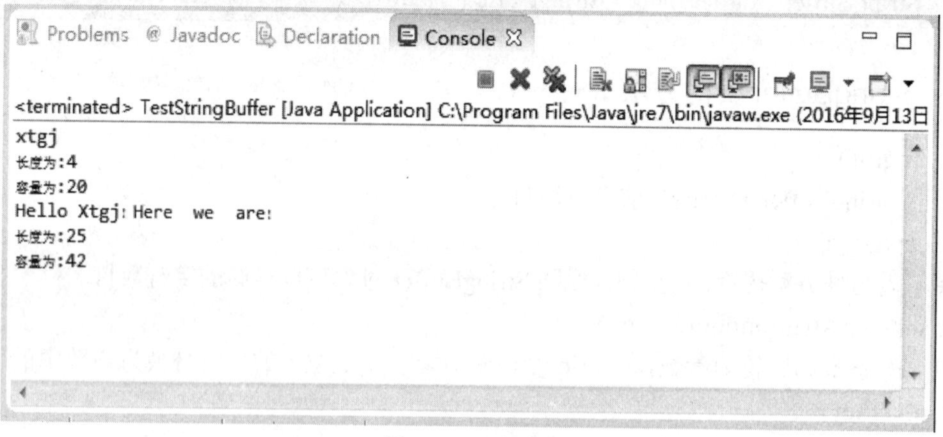

图 6-7　运行结果

6.4.3　性能说明

　　String 对象是常量字符串，而 StringBuffer 是可修改的字符串。Java 能够区分常量字符串与可修改的字符串，以实现性能优化的目的。在选择用 String 对象还是用 StringBuffer 对象来代替一个字符串时，首先判断字符串是否会变更，如果该字符串不会变更，则总是使用 String 对象，这将提高性能。

6.5　Random 类

　　在本节中，将介绍一个可以生成随机对象的类 Random 类，该类是在 java.util 包中定义的。

　　有时候会用到随机数，比如说：抽签。许多算法可以自动地生成伪随机数 (pseudo-random number)；这些算法通常需要一个初始值（称做种子），若这个初始值相同，则会得到相同的一系列伪随机数（这就是加上一个"伪"字的原因）。

在程序中,用一个对象来代表随机数生成器,给它取名叫 RandomGen。这个对象是 Java 语言所带的 Random 类的一个实例,用下面的语句实例化该对象:

```
Random    randomGen=new    Random(seed);
```

seed 就是随机数生成算法所需的"种子"。为生成一个随机性较好的数序列。"种子"最好是一个质数。

Random 类提供了一个方法可以得到特定范围内的整数。下面这个例子返回一个随机数,并将其存放于一个变量中:

```
int    number1=randomGen.nextlnt(limit);
```

limit 要比实际的上限值大 1,下限值为 0。当 limit 为 100 时,就得到 [0,99] 之间的随机数。以下程序清单完成的就是得到 4 个在 [0,99] 范围内的随机数。并将其打印出来。Random 类是在 java.util 包(package)中定义的,所以必须通过"import 语句"来告诉编译器,在本节的示例程序中会用到这个类:

import java.util.Random;

import 语句必须在文件的开头。如示例代码 6-6 所示。

示例代码 6-6　编写类测试随机数

```
import    java.util.Random;
class TestRandom{
    public    static    void    main(String[]    args){
    final    int    limit=100;// 希望产生 [0,99] 之间的随机数
        final    int    seed=17;// 使用质数作为随机种子
        Random    randomGen=new    Random(seed);
        int    number1=randomGen.nextInt(limit);
        int    number2=randomGen.nextInt(limit);
        int    number3=randomGen.nextInt(limit);
        int    number4=randomGen.nextInt(limit);
        System.out.println(" 产生 4 个 [0, 99] 之间的随机数: "+number1+""+number2+""+number3+ ""+   number4);
        }
    }
```

我们将在本章的后续小节中详细说明"package"和"import"。

下面对刚才使用的 API 加以说明(常用的构造方法及方法):

```
/*Java.util.Random 类
这是一个产生随机数的类 Random;
构造方法：
*/

public    Random();
public    Random(long    seed);
/*
第一个构造方法使用机器的当前时间为"种子"。这样,每次运行程序时都会产生
不同的伪随机序列。第二个构造方法的参数为 seed,相同的值将会产生相同的伪随机
序列
方法：
*/

public    double    nextDouble();
// 这个方法返回一个在 [0.0,1.0] 区间上均匀分布的小数
public    int    nextlint();
public    long    nextLong();
/*
这些方法返回在该数据类型的取值范围（包括正数和负数）内均匀分布的整数。
nextlit() 方法返回一个 int 类型的随机整数, nextLong() 方法则返回 long 类型的随机整
数
*/

public    int    nextlit(int    n);
// 这个方法返回一个在 [0,n-1] 范围内均匀分布的随机数
```

6.6 组织类：包

在一个大型软件系统中需要编写数目众多的类,如果要求开发人员确保自己使用的类名
不和其他程序员选择的类名冲突,这是很费劲的, Java 提供了把类名空间划分为更加容易管理
的块的机制,这种机制就是包(package)。

Random 类和 String 类是 Java 语言所带类库中的两个类。为了让程序员从整体上把握类
之间的联系,Java 语言将相关联的类以包的形式组织在一起。

图 6-8 是一张 UML(统一建模语言)图,该图显示了 Java 类库中包和类的组织形式。其
中 Java 包是顶层包, util 包和 lang 包是 java 包的两个子包,在 util 包下包含了 Random 类,在
lang 包下包含了 System 类和 String 类。

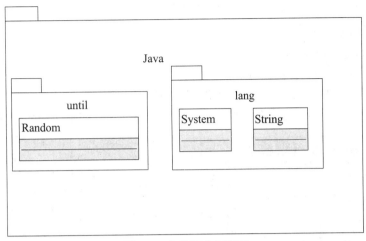

图 6-8　包的概念示意图

在使用 Java 语言中预定义的类时,凡是不属于 java.lang 包的类都需要在程序中写上完整的类名。若包名由多个词组成,也就意味着要遍历几层目录才能到这个类。

Random 类属于 java.util 包,其全名是 java.util.Random。如果程序要用到它,就必须包含进源程序,在源程序的开始部分使用如下语句完成:

> import　java.Random;

import 语句表明整个程序中可以直接使用 java.util.Random 类,如果在这个程序中直接使用 java.util 包中所有类,可以用"*"代替具体的类名。如下所示:

> import　java .util.*;

通常,即使程序使用包中的这个类,也在 import 语句中用"*"来代替具体的类名。

import 语句可以使编译器在 java 库中定位 Random 类,因而程序可以直接使用不完整的类名 Random。

在程序中可以使用多个 import 语句,所有的 import 语句都要位于除注释的语句之前。

如果不使用 import 语句,也可以在使用类时写上类的全名。

> 注意:
> import 语句中的星号 * 仅能用来代替类名,不能代替包名。也就是说如下写法不正确:
> import　java.*.*;// 错误写法

6.6.1　创建包

要创建一个包只需包含一个 package 语句作为 java 源文件的第一条语句就可以了。该文件中定义的所有类都属于该 package 语句所指定的包。如果没有 package 语句,所产生的类将被保存在一个缺省的没有名字的包中。缺省包对于编写例子程序很方便,但对于实际的应用程序是不适当的。如果所写的类都是通用的类,最好用包的形式组织类。包的名字往往就是存放这个类的子目录的名字。包名是类名的组成部分。声明包的通用格式:

Package package name;

例如,创建一个名为 xtgj 的包:package xtgj;

package 语句必须是文件中的第一条语句。也就是说,在 package 语句之前,除了空白和注释之外不能有任何语句。一个源文件中只能有一条 package 语句,如示例代码 6-7 所示:

示例代码 6-7　　编写类练习包的运用

```java
package    xtgj;
public class TestArithemtic {
    public  static  void  main(String[]  args){
        Arithemtic  ar=new  Arithemtic();
        double   sum=ar.sum(12.5,3.3);
        double   area=ar.roundArea(2.0);
        System.out.println(" 两数相加得:"+sum);
        System.out.println(" 圆面积为:"+area);
    }
}
  class Arithemtic{
    public  double  roundArea(double  r){
        return   Math.PI*r*r;
    }
    public  double  sum( double  x,double  y){
        return  x+y;
    }
  }
```

运行结果如图 6-9 所示。

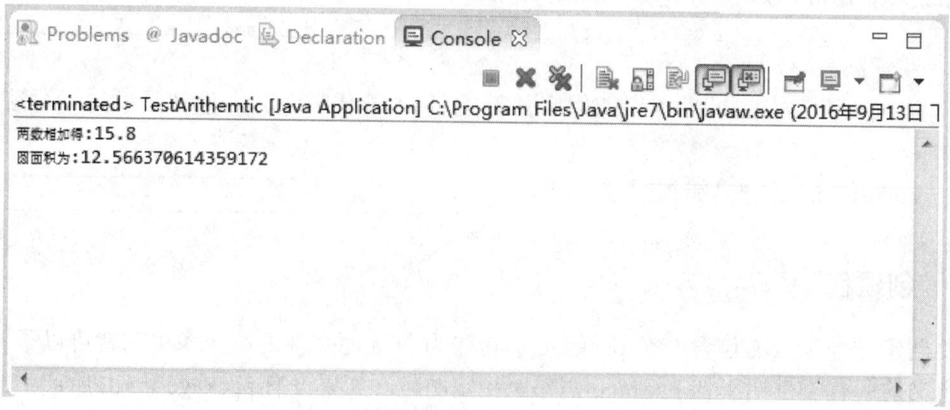

图 6-9　运行结果

为了使每个包具有唯一名称，Sun Microsystems 为公司制定了一个命名的约定，所有的 Java 程序员都应遵行该约定，每个包的名称应以 Internet 域名倒序开始。例如，如果 Internet 域名为 wish.com。则包名应为 com.wish。在倒序域名之后，你可以选择任何其他你所希望的名称。例如：com.wish.tech。

6.7　Java 库中的类方法与类常量

至此，写的几个程序都是先实例化一个对象再向其发送消息，在面向对象的编程中，这是常用、也是正确的编程方法。在程序中调用的方法叫做实例方法（instance method）。因为总是通过一个类的实例来调用它们。

在 Java 库存中还提供了一些更一般化的方法，可以不通过对象直接调用这些方法。这就是类方法。例如，完成数学计算（开平方、求正弦、余弦等）和排序、查找的方法都是典型的类方法。

在声明类时，应使用 static 修饰符来声明类方法。例如：在 java.lang.Math 类中声明了这样两个方法：

```
public    static    double    sqrt(double    number);
public    static    double    sin(double    number);
```

以上示例方法的调用要在方法名的前面指定类名。

示例如下：

```
double    sqRoot=Math.sqrt(15678);// 求 15678 的平方根
```

对于上一小节所举求随机数的例子，创建一个 Random 对象来接收消息，产生随机数。在 Java 程序库中，还提供了一个类方法也可以生成随机数。Java.lang.Math 类中 random() 方法可以生成在 [0.0,1.0] 之间的伪随机数。

接下来通过使用类方法实现字符串到数字的转换。在 Java 中定义了 parseInt() 和 parseDouble() 方法来完成转换。这两个方法分别属于 java.lang 包中的 Integer 和 Double 类，由于这两个类定义在 java.lang 包中，所以无需使用 import 语句就可以直接使用这两个方法。

下面这段程序首先创建两个字符串，再将其转换成数字：

```
String    Str1="123456";
String    Str2="45.3";
int    num1=Integer.parseInt(Str1);// 将 Str1 中引用的对象转换成整数
double    num2=double.parseDouble(Str2);// 将其 Str2 中的内容转换成小数
System.out.println(num1+""+num2);
```

在以上示例中字符串转换成数字时，有可能无法完成转换。比如 Str2 中的内容就无法转换成整数。若无法转换,程序将停止运行。并报错。

    Java 程序库中还定义了很多常量。由于这些常量可以被任意一个对象使用,因而将其定义为类常量较为合理。在 API 说明中,是这样说明类常量的,如下所示:

```
public    static    final    double    PI;//PI 的值为 3.141592…
```

对于类常量,按如下方法使用:

```
double    circumferenc=Math.PI*2*radius;
```

    实际上,最常用的类方法并不在 Java 程序库中,而是所编写的 main() 方法,当 Java 解释器运行 Java 程序时,解释器首先要在类中查找 main() 方法,并执行这个方法中的各条语句,此时,Java 解释器还未创建任何对象。

6.8　小结

  ✓ 使用预定义的类 Math、String、StringBuffer 和 Random 等来建立程序中的对象,通过对象应用类的方法和属性,即:在应用中理解类和对象的概念。

  ✓ 应用 Java 组织形式(包)。

  ✓ 使用 Java 库中类方法与类常量。

6.9　英语角

random	随机
string	字符串
class	类
class diagram	类图
message	消息
operation	操作
behavior	行为
method	方法
encapsulation	封装
attribute	属性

6.10　作业

1. 编写一个程序, 将字符串"1000"转换成整型数字, 并输出到屏幕。
2. 使用 java.util.Random 类产生一个随机数。并输出到屏幕。
3. 在 Java 源程序中使用 import, 其作用是什么?

6.11　思考题

1. String str 字符串和 C 语言中的 char[n] 定义字符串有何区别?
2. 包(package)的作用是什么?

6.12　学员回顾内容

1. 生成对象。
2. 调用方法。
3. 类方法和类常量。

第7章 继承

学习目标

◇ 理解继承的概念。
◇ 理解继承的作用。
◇ 掌握继承的语法。
◇ 掌握继承在面向对象程序设计与编程的应用。
◇ 掌握 super 关键字。

课前准备

继承的基本语法。
成员的访问控制。
继承中的构造方法与 super 关键字。

本章简介

在前面章节我们已经讲解过 Java 语言的基础、类的概念与应用、对象的概念与应用，但是涉及类的概念、对象的概念到目前为止主要是单个的类或是系统定义好的有继承关系的类，而没有深入讨论面向对象编程继承概念。通过前面的学习我们知道面向对象编程的三大基本特点是：封装、继承和多态，本章将主要讨论继承的概念和应用继承。

继承是现实生活中经常使用的术语，例如：孩子继承父母的特征，继承意味着某人或某物从另一个人或实体中派生出一组属性。类似地，在 Java 中一个类也可以从另一个类继承或派生。

继承是软件可重用性的一种表现，新类可以通过继承，从现有的类中吸收其属性和行为，产生新类所需的功能。继承性是面向对象程序设计的重要机制，它改变了传统的程序设计中对编写出来的程序无法重复使用而遭到资源浪费等特点，提供了重复利用程序资源的一种途径。

7.1 基类与派生类

一个类中包含了若干成员，每个类的属性成员和成员方法都是不同的，但有时两个类的基本成员中可能存在一部分相同的情况。下面我们来看这样两类：

```
    /*People 类 */
   class  People{
     private  String  name;
private  char  sex;
private  int  age;
 public  void  set(String n,char  s,int  a){
     name=n;
     sex=s;
     age=a;
  }
  public  void  print(){
     System.out.println(" 姓名:"+name);
     System.out.println(" 性别:"+sex);
     System.out.println(" 年龄:"+age);
   }
 }
/*Worker 类 */
class  Worer{
     private  String  name;
     private  char  sex;
     private  int  age;
     private  String  skill;
     private  double  wage;
     public  void  set(String  n,char  s,int  a,String  sk,double  w){
     name=n;
     sex=s;
     age=a;
     skill=sk;
     wage=w;
  }
  public  void  print(){
     System.out.println(" 姓名:"+name);
     System.out.println(" 性别:"+sex);
     System.out.println(" 年龄:"+age);
     System.out.println(" 技能:"+skill);
     System.out.println(" 工资 "+wage);
   }
 }
```

通过观察我们不难发现，在工人类（Worker）中有一部分内容（如：姓名,年龄等）是人类

（People）中已经存在的属性，如果能通过在原来 People 类的基础上添加一部分内容,而得到新的 Worker 类,可以减少重复的工作量。Java 所提供的继承机制就为我们解决了这样一个问题。

在面向对象的概念中反复强调软件的可重用性,而这种可重用性是通过继承来实现的。通过继承机制,可以利用现有的类来定义新的类。新类不仅拥有新定义的成员,同时还拥有被继承的类的成员。

从一个基类派生到一个新类的机制称为继承,通过继承派生出的新类我们称为派生类(或子类)。而派生出新类的那个旧类我们称为基类(或父类)。

类与类之间的继承关系,在 UML 中用带实线的三角箭头表示,例如狗(Dog)、猫(Cat)和虎(Tiger)都继承动物类(Animal),如图 7-1 所示。

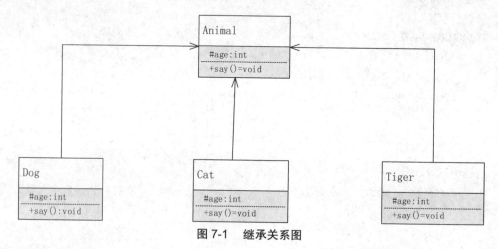

图 7-1　继承关系图

称 Animal 类是 Dog、Cat、Tiger 类的基础类,反过来, Dog、Cat、Tiger 类是 Animal 类的派生类。

age 表示在不同类的数据,对应属性成员。int 为属性的数据类型。

say 表示在不同类中的操作,对应成员方法。void 为方法的返回类型。

+/-/# 号分别表示公有 / 私有 / 保护,对应 public/private/protected 不同访问权限(保护权限将在本章访问控制一节讲解)。

派生类与基类可以使用"is a"的关系来描述。在"is a 关系"中,派生类的对象可以视为基类的一个实例。例如在图 7-1 的继承关系中,"Dog is an Animal"(狗是一种动物)。又例如轿车是一种交通工具,那么轿车就可以从交通工具派生,表 7-1 列出了几个基类和派生类的例子。

表 7-1　基类和派生类

基类	派生类
学生	研究生、本科生
借贷	汽车贷款、住房按揭贷款、抵押贷款
雇员	教师、职员
银行存款	支票账户、储蓄账户

7.2　继承的基本语法

在 Java 语言中 , 用 extends 关键字来表示一个类继承了另一个类。例如:

```
class  Base{
…
}
class  Sub  extends  Base{
…
}
```

以上代码表明 ,Sub 类继承了 Base 类。

在继承中 , 派生类不但继承基类的属性和方法 , 还可以增加新的属性和方法。

示例代码 7-1 说明如何从一个 Animal 类派生一个 Dog 类。

示例代码 7-1　　举例说明如何使用继承

```
public  class  DogTest{
    public  static  void  main(String[]  args){
        Dog  fido=new  Dog();
        fido.say();
        fido.wagTail();
    }
}
class  Animal{
    protected  int  age;
    public  void  animal(){
        age=1;
    }
    public  void  say(){
        System.out.println(" 动物的叫声! ");
    }
}
class  Dog  extends  Animal{
    public  void  wagTail(){
        System.out.println(" 摇尾巴…… ");
    }
}
```

在这个程序中首先定义了一个 Animal 类,所有的动物都有年龄,所以这里把年龄 age 作为 Animal 类的属性,为了使程序尽量简单易于控制,在 Animal 类只有一个成员方法 say() 和一个构造方法。Dog 类继承了 Animal 类,所以 Animal 类的属性和方法被 Dog 类继承得到。Dog 类中又增加了一个方法 wagTail()(摇尾巴)。在 DogTest 类的 main 方法中创建了 Dog 类的对象 fido,接下来通过对象 fido 分别调用从基类继承的方法和自己新增的方法。

运行结果如图 7-2 所示。

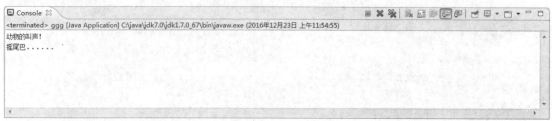

图 7-2　运行结果

在这个程序中我们遇到一个新的访问修饰符 protected。如果基类的成员被声明为私有的,那么在派生类中将不能访问基类的私有成员。此时,需要一种约定:使这些成员对于类本身和这个类的派生类可见。这种约定就是保护型(protected)访问权限。

7.3　访问控制

继承的一个非常重要的方面是基类的成员方法或属性成员何时能被派生类的对象使用,我们称之为可访问性。Java 定义了访问控制规则,限制从类外部使用类成员。

在 Java 中提供了四种访问修饰符:public、protected、默认和 private。在上一章我们了解了包的概念,现在结合包,我们来了解 Java 中类的成员的访问规则。

public 声明的成员称为公有成员,它构成了基类对象完全开放的接口,以 public 声明的属性成员和成员方法可以由任何类访问,包括其派生类。

protected 声明的成员称为保护成员,在同一个包内的其他类可以直接访问,包外的类不能直接访问,但是 protected 访问修饰符提供了一种特权,即不管是不是同一个包中的类,只要是派生类就可以访问其基类的 protected 成员,或者说 protected 访问修饰符为其派生类提供了一个可访问的接口,通常情况下,如果希望类的属性或方法可以被其派生类继承并使用,我们可将它声明为 protected。

默认声明就是在声明属性或方法时没有提供访问修饰符,这样的属性或方法的作用域,我们称之为包级作用域,即在同一个包内类可以访问,包外的类不能访问。

private 声明的成员称为私有成员,只能在类的内部访问,类外不可访问。

使用上述规则看一段代码,如示例代码 7-2 所示。

(1)在 Eclipse 中创建一个 Java 项目将其命名为 chapter07

(2)在 chapter07 项目下创建一个类 Base,并指定包为 wish1,在类中分别声明不同访问修饰符的属性成员。

示例代码 7-2   举例说明访问修饰符的用法（com.code1.Base 类）

```
package  wish1;
public  class  Base{
    public  int  pubA;     // 公有成员
    protected  int  proA;  // 保护成员
    int  defA;             // 默认级别的成员
    private  int  priA;    // 私有成员
}
```

（3）在 chapter07 下创建类 BaseTest1，并指定包为 wish1。如示例代码 7-3 所示：

示例代码 7-3   举例说明访问修饰符的用法（com.code1.BaseTest1 类）

```
package wish1;
public class BaseTest1 {
    public  static  void  main(String[]  args){
        Base  b=new  Base();
        b.pubA=1;// 正确
        b.proA=2;// 正确
        b.defA=3;// 正确
        b.priA=4;// 错误
    }
}
```

我们可以发现，在同一个包下，BaseTest1 类可以直接访问 Base 类的公有成员，保护成员和默认级别的成员，但不能访问 Base 类的私有成员，因为私有成员只能在类内访问。

（4）在 chpater07 下创建类 SubA，并指定包为 wish1，SubA 继承自 Base 类，如示例代码 7-4 所示：

示例代码 7-4   举例说明访问修饰符的用法（com.code1.SubA 类）

```
package wish1;
public  class  SubA  extends  Base{
    public  void  fun(){
```

```
            pubA=1;// 正确
            proA=2;// 正确
            defA=3;// 正确
            priA=4;// 错误
        }
    public static void main (String[] args){
        SubA sub=new SubA();
        Sub.fun();
    }
}
```

我们可以发现,在同一个包下,派生类 SubA 类继承了基类 Base 的公有成员,保护成员,默认级别的成员,但是不能继承基类的私有成员,所以在派生类中访问基类的私有成员是错误的。

（5）在 chapter07 下创建类 BaseTest2,并指定包为 wish2,如示例代码 7-5 所示:

示例代码 7-5　举例说明访问修饰符的用法（com.code2.BaseTest2 类）

```
package wish2;
import wish1.Base;// 导入 Base 类
public class BaseTest2{
    public static void main (String[] args) {
        Base b=new Base();
        b.pubA=1;// 正确
        b.proA=2;// 错误
        b.dfA=3;// 错误
        b.priA=4;// 错误
    }
}
```

我们可以发现,在不同的包下 BaseTest2 类,只能访问 Base 类的公有成员。

（6）在 chapter07 下创建类 SubB,继承自 Base 类,并指定包为 wish2,如示例代码 7-6 所示:

示例代码 7-6　举例说明访问修饰符的用法（com.code2.SubB 类）

```
package wish2;
import wish1.Base;
public class SubB extends Base{
    public void fun(){
```

```
            pubA=1;// 正确
            proA=2;// 正确
            defA=3;// 错误
            priA=4;// 错误
    }
    public  static  void  main  (String[]args){
        SubB  sub=new  SubB();
        sub.fun();
    }
}
```

我们可以发现,在不同的包下,派生类 SubB 可以继承基类 Base 的公有成员和保护成员。

在编写一个类时,习惯上,为了隐藏和保护数据,我们会把部分属性和方法声明为私有的。但是,如果可以预见所编写的类将来是用作一个基类,那么除了公有的部分之外,派生类可能需要访问的所有属性或方法应该被声明为保护的而不是私有的。

继承不具有双向性,基类及其对象对任何从其派生的类是一无所知的。表 7-2 总结了基类不同部分的访问权限。

表 7-2　基类不同部门的访问权限

访问修饰符	可以从自身访问	可以从包内访问	可以从包外派生类访问	可以从包外访问
public	是	是	是	是
protected	是	是	是	是
默认	是	是	否	否
private	是	否	否	否

7.4　继承中的构造方法

基类的构造方法不能被派生类继承,但是派生类的构造方法在执行自己的任务之前将会调用基类的构造方法。调用分两种:显式调用和隐式调用。

显式调用:在派生类构造方法的第一句使用 super 关键字来指定调用基类的哪个构造方法。

调用方式如下:

super();// 调用基类的默认构造方法或无参数构造方法

super(实参);// 用调用基类的带参数的构造方法

隐式调用:如果在派生类的构造方法中没有使用 super 关键字显式调用基类的构造方法,那么,在执行派生类的所有代码之前将自动调用基类的默认或无参数构造方法,相当于显式调用 super()。我们将前面 Dog 类继承 Animal 类的代码改写一下，如示例代码 7-7 所示：

示例代码 7-7　　隐式调用

```java
public  class DogTest1 {
    public  static  void  main(String[]  args){
        Dog1  d1=new  Dog1(" 金毛狗 ");
        d1.say();
        d1.wagTail();
        Dog1  d2=new  Dog1(3," 大麦町犬 ");
        d2.say();
        d2.wagTail();
    }
}
class  Animal1 {
    protected  int  age;
    public  Animal1(){      // 基类无参数构造方法
        age=1;
    }
    public  Animal1(int  age){   // 基类带参数构造方法
        this.age=age;
    }
    public  void  say(){
        System.out.println(" 我的年龄 : "+  age+" 岁 ");
    }
}
class  Dog1  extends  Animal1 {
    protected  String  breed;
    public  Dog1(String  breed){// 派生类构造方法，隐式调用基类的无参数
构造方法
        this.breed=breed;
    }
    public  Dog1(int  age,String  breed){// 派生类构造方法
        super(age);         // 显示调用基类带参数构造方法
        this.breed=breed;
```

```
        }
     public void wagTail(){
        System.out.println(" 我的品种: "+breed);
               System.out.println(" 摇尾巴……");
        }
     }
```

在以上的代码中,基类 Animal 有两个构造方法,一个无参数构造方法,一个带参数的构造方法。Dog 类继承了 Animal 类,新增了一个属性成员 breed,表示狗的品种, Dog 类有两个带参数的构造方法。

DogTest 类的 main 方法中创建了两个 Dog 类的对象,首先来看第一个。

```
    Dog   d1=new   Dog(" 金毛狗 ");
```

执行上面这条语句将会调用 Dog 类的单参数构造方法:

```
    public   Dog(String   breed){
        This.breed=breed;
    }
```

在执行派生类方法的所有代码之前会调用基类构造方法,这里没有使用 super 关键字显调用,所以将自动调用基类无参数构造方法:

```
    public   Animal(){
            Age=1;
        }
```

然后执行构造方法中剩余的语句:

```
    this.breed=breed;
```

这样,对象 d1 的 age 属性被赋值为 1,breed 属性被赋值为“金毛狗”。

再来看第二个:

```
    Dog   d2=new   Dog(3," 大麦町犬 ");
```

在执行上面这条语句将会调用 Dog 类的带两个参数的构造方法:

```
    public   Dog(int   age,String   breed){
        super(age);
            this.breed=breed;
        }
```

在这个的第一句用 super 关键字显式调用基类带参数的构造方法：

```
public   Animal(int   age){
    this.age=age;
}
```

然后执行中的剩余语句：

```
This.breed=breed;
```

这样，对象 d2 的 age 属性被赋值为 3,breed 属性被赋值为"大麦町犬"。

运行结果如图 7-3 所示。

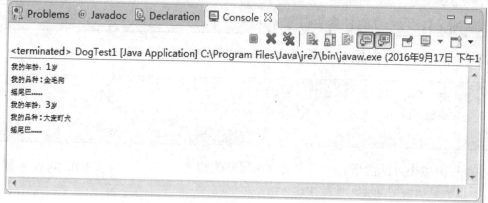

图 7-3   运行结果

对于继承中的构造方法需要注意以下几点：

（1）派生类构造方法的调用顺序为：先调用基类的构造方法，再调用派生类的构造方法。

（2）当基类中有默认构造方法时，派生类的构造方法中可以省略对基类的默认构造方法的调用。

（3）当基类的构造方法中只含参数的构造方法时，派生类构造方法中必须要使用 super 关键字显式调用基类的构造方法。

例如在编译下面具有继承关系的两个类时编译器将报错。

```
class   Base{
int   a;
public   Base(int   a){
    this.a=a
}
}
class   Sub   extends   Base{
```

```
    int    b;
        public    Sub(int    b){// 编译错误，找不到基类的默认构造方法
        this.b=b;
    }
    }
```

在基类 Base 中提供了一个带参数的构造方法，则编译器不再提供默认构造方法。在派生类 Sub 的构造方法中省略了对基类的显式调用。则自动调用基类的默认构造方法，然而在基类中没有默认构造方法可调用，因而出错。一个好的习惯是：在编写类时总是提供一个无参默认构造方法，这样可以防止上面这种情况发生。

在 Base 类上添加无参构造方法后，这段代码将通过编译：

```
class    Base{
    int    a;
    public    Base(){}    // 无参构造方法
    public    Base(int    a){
        this.a=a;
        }
}
class Sub    extends    Base{
    int    b;
    public    Sub(int    b){
        this.b=b;
    }
    }
```

7.5 继承层次结构

Java 语言不支持多继承，即一个类只能直接继承一个类。例如以下代码会导致编译错误。

```
    class    sub    extends    Base1,Base2,Base3{…}
```

尽管一个类只能有一个直接的基类，但是它可以有多个间接的基类，例如以下代码表明 Base1 类继承 Base2 类，Sub 类继承 Base1 类，Base2 类是 Sub 间接基类。

```
    class    Base1    extends    Base2{…}
    class    Sub    extends    Base1{…}
```

所有的 Java 类直接或间接地继承了 java.lang.Object 类，Object 类是所有 Java 类的祖先，在这个类中定义了所有的 Java 对象都具有的相同行为。在 Java 类框图中，具有继承关系的类形成了一棵继承树，图 7-4 显示了一棵由生物（Creature）、动物（Animal）、植物（Vegetation）和狗 Dog 等组成的继承树，如图 7-4 所示。

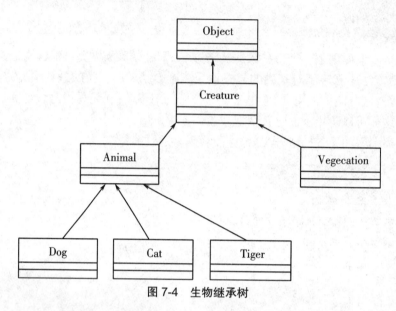

图 7-4　生物继承树

在以上继承树中，Dog 类的直接基类为 Animal 类，它的间接基类包括 Creature 和 Object 类，Object、Creature、Animal 和 Dog 形式了一个继承树分支，在这个分支上，位于下层的派生类会继承上层所有直接或间接基类的属性和方法，如果两个类不在同一个继承树分支上，就不会存在继承关系。例如 Dog 类和 Vegetation 类，它们不在一个继承树分支上，因此，不存在继承关系。

假如在定义一个类时，没有使用 extends 关键字，那么这个类直接继承 Object 类，例如，以下 Sample 类的直接父类为 Object 类：

```
public class Sample{…}
```

7.6　小结

✓ 继承是从现有类派生新类的过程，继承最重要的优点是代码的可重用性。
✓ 基类也称为父类（或超类），派生类也可以称为子类。
✓ Java 只允许单继承，继承使用关键字 extends。
✓ Java 提供了 4 种访问修饰符（private、默认、protected、public）来限制从类外部使用类成员。
✓ 基类的构造方法不能被继承，在派生类的构造方法中应负责调用基类的构造方法。

✓ super 关键字用于显式调用基类的构造方法。

7.7　英语角

extends	继承
base	基(类)
derive	派生
protected	保护

7.8　作业

1. 设有如下两个类:

```
        class   Base{
        portected   int   x;
}
    class   sub   extends   Base{
        protected   int   y;
}
```

为这两个类编写默认构造方法,带参数的构造方法。在派生类的带参数构造方法中确保给基类的属性成员和自己新增的属性成员赋初值。为这两个类的属性成员编写访问方法。

编写 main 方法,在 main 中分别调用默认构造方法和带参数的构造方法创建 Sub 类的两个实例,通过调用属性方法输出这两个对象的属性信息。

2. 有一个玩具类 Toy,包含玩具名称、重量、价格等属性,有一个电动玩具类 ElectricalToy 继承 Toy 类,新增电压属性。试编写这两个类。

7.9　思考题

继承有哪些优缺点?

7.10　学员回顾内容

继承的基本语法和继承中的构造方法。

第8章　多态

学习目标

◇ 理解 Java 面向对象编程中多态的概念。
◇ 掌握 Java 在继承中实现方法覆盖（Override），应用多态进行面向对象编程。
◇ 掌握 Object 类和 final 关键字。

课前准备

方法覆盖。
多态（动态绑定）。
Object 类。
Final 关键字。

本章简介

面向对象程序设计共有三大特征：封装、继承和多态，这三大特征之间相互关联，其中封装性是面向对象的基础，继承性是软件重用的关键，而多态则必须存在于继承的环境之中。是对面向对象程序设计的补充。

所谓多态（polymorphism）性是指对类的成员方法的调用形式具有不同的实现方式，也就是通常所谓说的"一个接口，多种方法"。多态性分为静态多态和动态多态两种，方法重载属于静态多态，而建立在继承和方法覆盖上的多态则是一种动态的多态性。本章将介绍动态多态性，即动态绑定（或加运行期绑定）。

8.1　方法覆盖

假如有 100 个类，分别为 Sub1，Sub2，…，Sub100，它们的一个共同行为是写字，除 Sub1 类用脚写字外，其余的类都用手写字，可以抽象出一个父类 Base，它有一个表示写字的方法 write()，那么这个方法到底如何实现呢？从尽可能提高代码可重用性的角度看，write() 方法应该采用适用于大多数子类的实现方式，这样就可以避免在大多数子类中重复定义 write() 方法，因此基类 Base 的 write() 方法的定义如下：

```
    public   void   write( ){//Base 类的 write() 方法
      // 用手写字
   ......
       }
```

由于 Sub1 类的写字的实现方式与 Base 类不一样,因此在 Sub1 类中必须重新定义 write() 方法。

```
    public   void   write(){//Sub1 类的 write() 方法
     // 用脚写字
     ......
     }
```

如果在派生类中定义的一个方法,其名称、返回类型及参数正好与基类中某个方法的名称、返回类型及参数相匹配,那么可以说,派生类的方法覆盖了基类的方法。

下面来看一个方法覆盖的实例 , 如示例代码 8-1 所示:

示例代码 8-1 　 举例实现 Cat 和 Dog 子类的 eat() 方法覆盖 Animal 父类的 eat() 方法

```java
public class AnimalTest {
    public  static  void  main(String[]args){
        Animal   animal=new   Animal();// 创建基类的对象
        animal.eat();// 调用基类的方法
        Cat   cat=new   Cat();// 创建派生类的对象
        cat.eat();   // 调用派生类覆盖基类的方法
        Dog   dog=  new   Dog();// 创建派生类的对象
        animal=dog;    // 基类的引用指向派生类的对象
        animal.eat(); // 调用派生类覆盖基类的方法
    }
}
class   Animal{
    public   void   eat(){   // 基类的 eat 方法
      System.out.println(" 动物进食 ");
    }
}
class   Cat   extends   Animal{
```

```
    public  void  eat(){      //派生类的 eat 方法
        System.out.println("猫吃鱼");
    }
}
class  Dog  extends  Animal{
    public  void  eat(){      //派生类的 eat 方法
        System.out.println("狗啃骨头");
    }
}
```

以上程序中定义了一个基类 Animal, Animal 类中有方法 eat。接着定义了两个派生类 Cat 和 Dog 继承自 Animal 类,虽然 Cat 类 Dog 类都可以从基类继承 eat 方法,但 Cat 类和 Dog 类都有各自不同的吃的行为,所以 Cat 类和 Dog 类分别重写了 eat 方法,即对基类 eat 方法进行方法覆盖。

运行结果如图 8-1 所示。

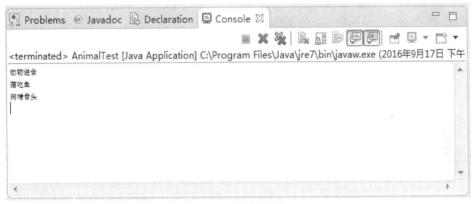

图 8-1　运行结果

注意 AnimalTest 类的 main 方法中第 5、6、7 行代码:

```
Dog  dog=new  Dog(   );
animal=dog;
animal.eat(   );
```

在这三条代码中,首先创建了派生类的一个对象 dog,然后将派生类的对象赋值给了基类的引用 animal,说明基类的引用可指向派生类的对象,这是一个很重要的特性。当一个基类的引用指向派生类的对象,然后通过基类的引用调用方法时,总是去调用派生类覆盖自己的方法。在执行第三句代码 animal.eat(); 时,由于 animal 指向的是 Dog 类的对象,所以调用 Dog 类的 eat 方法,输出为"狗啃骨头"。

覆盖方法必须满足多种约束,下面分别介绍。

派生类方法的名称、参数和返回类型必须与基类方法名称,参数和返回类型一致。例如以下代码将导致编译错误。

```
    public   class   Base{
    public   void   method(){…}
    }
  public   class   Sub   extends   Base{
    public   int   method(){// 编译错误,返回类型不一致
       return 0;
       }
     }
```

Java 编译器首先判断 Sub 类的 method() 方法与 Base 类的 method() 方法的参数,由于两者一致, Java 编译器认为 Sub 类的 method() 方法试图覆盖 Base 类的方法,因此, Sub 类的 method() 方法就必须和被覆盖的方法具有相同的返回类型。

以下代码中派生类覆盖了基类的一个方法,然后又定义了一个重载方法,这是合法的。

```
    public   class   Base{
       public   void   method(){…}
    }
    public   class   Sub   extends    Base{
       public   void   method(){…}// 覆盖 Base 类的 method() 方法
       public   int   method(int   a){// 重载 method() 方法
         return   0;
       }
    }
```

派生类方法不能缩小基类方法的访问权限。例如以下代码中派生类的 method() 方法是私有的,基类的 method() 方法是公共的,派生类缩小了基类方法的访问权限,这是无效的方法覆盖,将导致编译错误。

```
    public   class   Base{
       public   void   method(){…}
    }

  public   class   Sub   extends   Base{
    private   void   method(){…}
//编译错误,派生类方法缩小了基类方法访问权限
    }
```

方法覆盖只存在于派生类和基类(包括直接父类和间接父类)之间,在同一个类中方法只能被重载,不能被覆盖。

基类的静态方法不能被派生类覆盖为非静态方法,例如以下代码将导致编译错误。

```
public class Base{
    public static void method( ){}
}
public class Sub extends Base{
    public void method(){}//编译出错
}
```

派生类可以定义与基类的静态方法同名的静态方法,以便在派生类中隐藏基类的静态方法。在编译时,派生类定义的静态方法也必须满足与方法覆盖类似的约束:方法的参数一致。返回类型一致,不能缩小基类方法的访问权限,例如以下代码是不合法的。

```
public class Base{
    void method(){}
}
public class Sub extends Base{
    static void method(){}//编译出错
}
```

8.2 动态绑定

从上一节方法覆盖中知道,可将一个派生类的对象作为自身的类型使用,也可以作为它的基类的一个对象使用。这种行为叫做"向上转型"——因为基类在类框图中一般画在最上方。

当基类的引用指向派生类的对象时,对方法的调用是动态解析的。换句话说,调用方法时是根据实际对象的类型(而不是根据指向对象的引用类型)来动态地选择的,称为动态绑定(或运行期绑定),也就是所说的动态多态。

动态绑定意味着成员方法调用中代码的地址是在尽可能晚的时候根据运行时对象的动态类型来确定的。

动态绑定在处理过程中占用一些开销,但却能在程序设计中提供更强的功能和更大的灵活性。

使用 Animal、Dog、Cat 类的示例来说明动态多态的实现,如示例代码 8-2 所示:

示例代码 8-2   编写 Animal、Dog、Cat 类实现动态多态

```
public class AnimalTest1 {
    public static void fun(Animal1 animal) { // 形参为基类的对象
```

```
System.out.println(" 在 fun 方法中 ");
    animal.eat(); // 动态绑定
    }
    public static void main(String[] args) {
    Cat cat = new Cat();
    fun(cat); // 实参数为派生类的对象
    Dog dog = new Dog();
    fun(dog); // 实参为派生类的对象
    }
}
class Animal1 {
    public void eat() {
    System.out.println(" 动物进食 ");
    }
}
class Cat extends Animal1 {
    public void eat() {
    System.out.println(" 猫吃鱼 ");
    }
}
class Dog extends Animal1 {
    public void eat() {
    System.out.println(" 狗啃骨头 ");
    }
}
```

运行结果如图 8-2 所示。

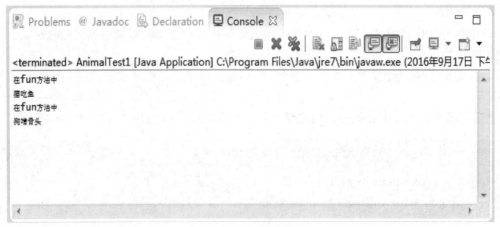

图 8-2　运行结果

在该程序中,给 AnimalTest 类添加了一个静态方法 fun(),把 fun() 方法声明为静态是为了调用方便,不需要生成 AnimalTest 类的实例就可以直接在静态的 main() 方法中调用。

fun() 方法有一个参数为 Animal 类型对象,在 fun() 方法中的语句 animal.eat(); 即采用了动态绑定,当调用方法时,如果传入的是一个 Cat 类的对象,则调用 Cat 类的 eat() 方法,如果传入的是 Dog 类的对象则调用 Dog 类的方法,即根据传入的实际对象的类型动态地决定调用谁的 eat() 方法。

利用多态的概念,代码的组织以及可读性都能得到改善,此外,还能创建"易于扩展"的程序,无论在项目的创建过程中还是在需要加入新特性的时候,它们都可以方便地"成长"。

在上面的例子中,由于存在多态可以根据需求加入任意多的新类,如:Tiger、Bird 等,同时无需更改 fun() 方法。在一个良好的 OOP 程序中,大多数或者所有的方法都应遵循 fun() 的模型,即只与基类的接口通信。这样的程序就是具有扩展性的程序,从基类继承生成新类,从而添加新的功能。

8.3　深入多态

上一节(多态、动态绑定)已经揭示了多态的实质,它是指当系统 A 访问系统 B 的服务时,系统 B 可以通过多种实现方式来提供服务,而这一切对系统 A 是透明的。比如动物园的饲养员能够给各种各样的动物喂食。图 8-3 显示了饲养员(Feeder)、食物(Food)和动物(Animal)及它的子类的类框图。

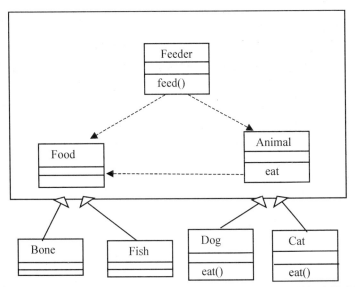

图 8-3　饲养员(Feeder)、食物(Food)和动物(Animal)及它的子类的类框图

可以把 Feeder、Animal 和 Food 都看成独立的子系统。Feeder 类的定义如下:

```java
public   class   Feeder{
    public   void   feed(Animal   animal，Food   food){
        animal.eat(food) ;
    }
}
```

以下程序演示了一个饲养员分别给一只狗喂骨头，给一只猫喂鱼。

```java
Feeder   feeder=new   Feeder();
Animal   animal=new   Dog();
Food   food=new   Bone();
feeder.feed(animal，food);// 给狗喂骨头
animal=new   Cat();
food=new   Fish();
feeder.feed(animal，food);// 给猫喂鱼
```

以上 animal 变量被定义为 Animal 类型，但实际上有可能引用 Dog 或 Cat 的实例，在 Feeder 类的 feed() 方法中调用 animal.eat() 方法，Java 虚拟机会执行 animal 变量所引用的实例的 eat() 方法，可见 animal 变量有多种状态，一会儿变成猫，一会儿变成狗，这是多态的字面含义。

Java 语言允许某个类型的引用变量引用子类的实例，而且可以对这个引用变量进行类型转换。

```java
Animal   animal=new   Dog();
Dog   dog =(Dog)animal;// 向下转型，把 Animal 类型转换为 Dog 类型
Cueature   crenture=animal;// 向上转型，把 Animal 类型转换为 Creature 类型
```

如果把引用变量转换为子类类型，则称为向下转型，如果把引用变量转换为父类类型，则称为向上转型，如图 8-4 所示。

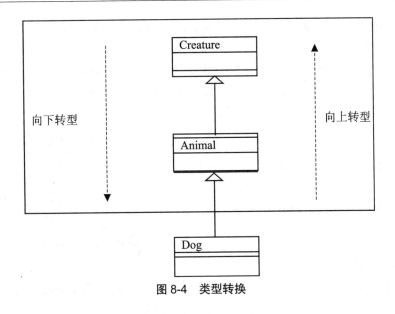

图 8-4 类型转换

8.4 Object 类

在上一章介绍继承时讲到，Java 系统中所有的类都直接或间接地继承了 java.lang.Object 类。Object 类是所有 Java 类的祖先，在这个类中定义了所有的 Java 对象都具有的基本行为。当在编写 Animal 类时，不需要写：

```
class  Animal  extends  Object
```

如果没有明确给出基类，Object 就是你定义的类的基类，可以用类型为 Object 的变量来引用任意类型的对象，如所示：

```
Object  obj=new  Animal();
```

类型为 Object 的变量只有作为变量的通用代表者才有意义，如果想利用它做真正有意义的事情，需要对其所引用的对象的原始类型有一定程度的了解，然后进行强制类型转换：

```
Animal  a=(Animal)obj;
```

下面介绍 Object 类定义的两个常用方法 equals() 和 toString()，这些方法对于每一个对象都是可用的。

8.4.1 equals() 方法

使用 equals() 方法的目的是用于检测两个对象是否相等，如果相等则返回 true，否则返回 false。然而 Object 类提供的 equals() 方法实现是：判断两个对象是否指向同一个内存区域。

这不是一个有用的测试，如果你想测试对象是否相等，最好对 equals 进行重写（覆盖）从而进行一个有意义的比较。

所以对于某些 Java 预定义类，如果同一类型的两个对象包含相同的信息，则会被视为相等，因为这些类已经重写了 equals() 方法，例如 String 类。对于 String 类，在本书第 6 章已作过详细介绍。下面请看测试两个 Integer 类对象是否相等的代码：

```java
Integer   one=new   Integer(10);
Integer   two=new   Integer(10);
If(one.nquasl(two))   {
    System.out.println(" 对象相等 ");
}
```

程序的显示结果为"对象相等"。

虽然 one 和 two 分别引用两个不同的对象，但是调用 Integer 类的 equals 方法比较的是对象中包含的整型值是否相等，因为 Integer 中重写了 equals() 方法。

以一个坐标点类 Point 来演示如果在自定义的类中重写 equals() 方法，以满足对象比较的需求，如示例代码 8-3 所示：

```
示例代码 8-3   编写坐标点类测试——重写 equals() 方法
public class PointTest {
    public static void main(String[] args) {
        Point   p1=new   Point(2,3);
        Point   p2=new   Point(2,3);
        if(p1.equals(p2))
            System.out.println(" 点 p1 与 p2 的坐标相同 ");
        else
            System.out.println(" 点 p1 与 p2 的坐标不同 ");
    }
}
class   Point{
    int x,y;
    public Point(int a, int b) {

        x=a;
        y=b;
    }
    public   boolean   equals(Object   obj){
        if(obj==null)return   false;// 测试待比较对象是否为空
```

```
    if(this==obj)return  true;// 测试要比较的两个对象的引用是否相等
        if(getClass()!=  obj.getClass())
            {
            return  false;// 测试要比较的两个对象的类型是否相等
            }
        Point  p=(Point)obj;// 至此可知 obj 必是 Point 类的一个实例对象,进行强制转
换
        return  x==p.x&&y==p.y;// 比较对象的坐标值是否相等
    }
  }
```

运行结果如图 8-5 所示。

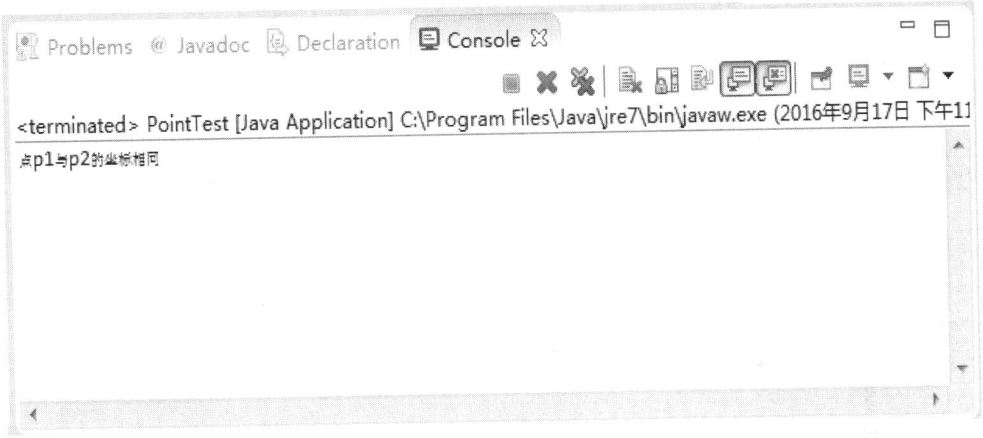

图 8-5 运行结果

8.4.2 toString() 方法

Object 类的另一个重要方法是 toString(),它返回一个代表该对象的字符串。此字符串应用言简意赅,且具有较强的可读性,几乎每个类都会重写该方法,以便返回对象当前状态的正确表示。

大多数(并非全部)toString() 方法都遵循如下格式:

类名 [各属性的值]

以 Point 类为例,在 Point 类中重写 toString() 方法,如示例代码 8-4 所示:

示例代码 8-4 编写 Point 类重写 toString() 方法

```
public class Point {
    int x,y;
    public Point(int a,int b){
    x=a;
```

```
        y=b;
    }
    public String toString(){
        return "Point[x="+x+", y="+y+"]";
    }
    public static void main(String[] args){
        Point    point=new    Point(3,5);
        System.out.println(point);
    }
}
```

运行结果如图 8-6 所示。

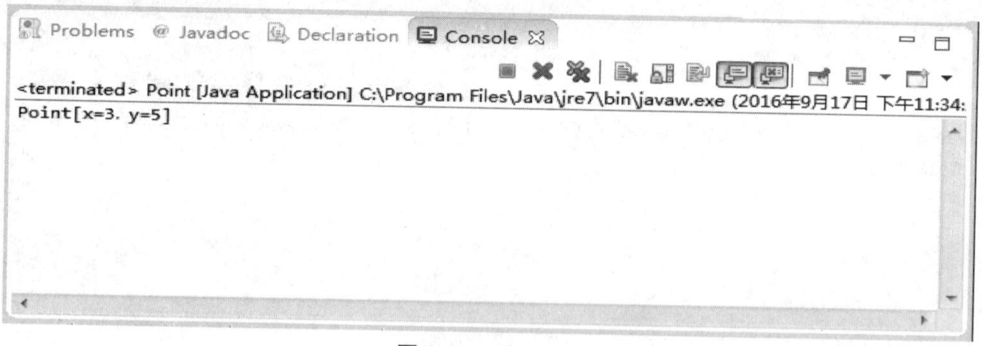

图 8-6　运行结果

提示：

可以用 +p 来代替 p.toString()。把一个空字符串同对象 p 用 + 号连接在一起，Java 编译器会自动调用 toString() 方法，获得对象的字符串表现形式。

8.5　final 关键字

final 修饰符可应用于类、方法和变量。final 在应用于类、方法和变量时的意义是不同的。但本质是一样的：final 表示不可改变。

8.5.1　final 类

如果不希望别人从你的类上派生新类，就可以使用 final 类。不能被继承的类称为 final 类。要做到这一点只需在类声明前加 final。这种情况可能是由于某种原因：类的设计不需要任何修改，或者处于安全考虑而不能被继承等。

最常见的 final 类就是 String 类，此类对 Java 编译器和解释器的运行至关重要，每当代码中使用字符串都必须获得一个 String 类的实例，由于 String 类是 final 类，因此它不能有子类。

它的方法也都不能被覆盖，这样可以保证所有的 String 实例的行为始终与所期望的方式一样。

下面是一个 final 类的示例，如示例代码 8-5 所示：

示例代码 8-5　编写测试类 final 用法

```java
public class BaseTest {
    public static void main(String[] args) {
        Base   s=new Base();
        s.i=10;
        s.fun();
    }
}
final   class   Base{
    int   i=1;
    void   fun(){
        System.out.println();
    }
}
//class   Sub   extends   Base{}错误,不能继承 Base 类
```

8.5.2　final 方法

尽管方法覆盖是 Java 的最强大的特性之一，但有些时候希望防止方法被覆盖，可以在方法前加上 final 关键字，声明为 final 的方法不能被覆盖。

如果不需要创建 final 类就可以满足需求，并且只保护类中的某些方法不被覆盖，可以将方法声明为 final 方法，表明子类不能覆盖该方法。一个类中的任何 private 方法都是隐式 final（如果一个类是 final 类，则它的所有的方法都是隐式的 final 方法）。

示例如下：

```java
class   Base{
    int   i=1;
    final   void   fun(){}
}
class   Sub   extends   Base{
    void   fun(){}           // 编译出错,final 方法不能被覆盖
}
```

8.5.3　final 变量

用 final 修饰的变量表示取值不会改变的常量。例如在 java.lang.Math 类中定义了一个静态常量，如下所示：

```
public   class   Math{
    ……
public   static   final   double   PI=3.14159265358979323846;
    ……
}
```

final 为变量具有以下特征：

final 修饰符可以修饰静态变量、实例变量和局部变量，分别表示静态常量，实例常量和局部常量。

final 常量必须显式初始化，否则编译出错。对于 final 类型的实例变量，可以在定义时或者在方法中进行初始化。对于 final 类型的静态变量，只能在定义变量时进行初始化。

final 变量只能赋一次值。

示例如下：

```
class   Sample{
    final   int   var1;        // 定义 var1 实例常量
    final   int   var2=0;      // 定义 var2 实例常量并初始化
    Sample( ){
        var1=1;               // 初始化 var1 实例常量
        var2=2;               // 编译出错,var2 已经初始化
    }
}
```

以上示例的实例变量 var1 和 var2 被 final 修饰,在构造方法中对 var1 和 var2 进行赋值操作。由于 var1 在定义时未初始化,在构造方法中给 var1 赋值是正确的,而 var2 在定义时已经初始化,那么不能对 var2 再次赋值,所以在构造方法中给 var2 赋值将出错。

如果将引用类型的变量用 final 修饰,那么该变量只能始终引用一个对象,但可以改变对象的内容。如下所示：

```
public   class   Sample{
    int   var;             // 定义 var 实例变量
    public   Sample(int   var){
        this.var=var;// 初始化 var 实例变量
    }
    public   static   void   main(String   args[ ]){
        final   Sample s=new   Sample(1);
        s.var=2;           // 正确,可以改变对象的内容
        s=new   Sample(2);// 错误,不能改变对象的引用
    }
}
```

在程序中通过 final 修饰符来定义常量,具有以下作用:

提高程序的安全性,禁止非法修改取值固定并且不容许修改的数据。

提高程序代码的可维护性。

提高程序代码的可读性。

8.6　小结

✓　在继承关系中,派生类继承基类的方法可能对派生类并不适用,派生类可以重新定义该方法,这称为方法覆盖。

✓　当基类的引用指向派生类的对象时,对方法的调用是动态绑定的,即根据所引用的实际对象的类型动态地选择相应的方法。

✓　Object 类是所有 Java 类的基类,它位于 Java 类体系结构的顶层。

✓　final 关键字可以修饰类、方法和变量, final 在修饰类、方法和变量时的意义是不同的,但它们的本质是一样的,final 表示不可改变。

8.7　英语角

override	覆盖
polymorphism	多态
binding	绑定

8.8　作业

1. 阅读下面这段程序,找出错误,分析其原因,修改程序使其正确运行。

```java
class  Base{
    public  void  hello(){
        System.out.println("Hello  in  Base");
    }
}
 class  Sub  extends  Base{
    public  void  hello(){
        System.out.pcintln("Hello  in  Sub");
```

```
        }
            public  static  void  main  (String[]args){
                Base  b=new  Sub();
                b.hello();
                b.welcome();
            }
        }
```

2. 创建一个形状类 Shape 包含绘图方法 draw。创建一个圆形类（Circle）和一个矩形类（Rectangle）继承 Shape 类，分别覆盖基类的方法 draw。编写测试程序测试这三个类。

8.9 思考题

为什么说应用多态方便程序的扩展？

8.10 学员回顾内容

方法覆盖与动态绑定。

第9章　抽象类与接口

学习目标

♦ 理解掌握抽象类和接口的概念。
♦ 掌握抽象类与接口之间的区别。
♦ 掌握抽象类和接口的使用。

课前准备

抽象类。
接口。

本章简介

从下往上看继承层次结构图,会发现类逐渐变得更通用,可能也更抽象。基于此点,祖先类由于非常通用化,所以可以把它看成其他类的基础,而不是一个需要使用的实例类。例如。考虑 Animal 类的层次图,狗是一种动物,猫是一种动物。展示这些类之间的继承关系,如图 9-1 所示。

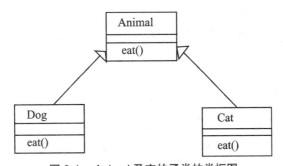

图 9-1　Animal 及它的子类的类框图

每只动物都有一些属性,如名字,年龄等,但是能在 Animal 类中提供什么信息呢?对于一只动物来说, Animal 类除了知道名字、年龄以外,其他信息一无所知,例如 eat() 方法,在 Animal 类中无法为该方法创建有意义的实现过程。也就是说,有时需要一个基类,此基类只定义可被其所有子类共享的一般形式,而让各子类来补充实现的细节,这样的类称为抽象类。

再来看一个例子:在多态曾经介绍了一个动物饲养员(Feeder)、动物(Animal)和食物(Food)的例子,如图 9-2 所示。

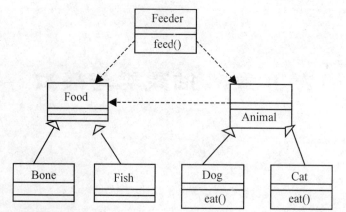

图 9-2   饲养员(Feeder)、食物(Food)和动物(Animal)及它的子类框图

图 9-2 中，Fish 类继承了 Food 类，表明鱼是一种食物，但实际上鱼也是一种动物，而图 9-2 没有表示 Fish 类和 Animal 类的继承关系，由于 Java 语言不支持一个类有多个直接的基类，一次无法用继承关系来描述鱼既是一种食物，又是一种动物。

为了解决这个问题，Java 语言引入了接口类型，简称接口。一个类只能有一个直接的基类，但是可以实现多个接口。采用这种方式，Java 语言对继承提供了有利的支持，只要把图 9-2 中 Food 类改为 Food 接口，Fish 类就能同时继承 Aniaml 类，并且实现 Food 接口，如图 9-3 所示。

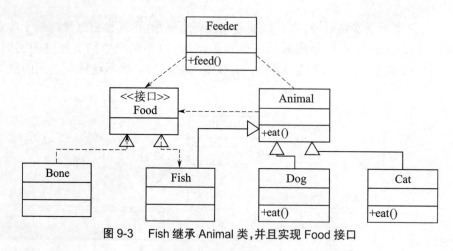

图 9-3   Fish 继承 Animal 类，并且实现 Food 接口

本章主要介绍抽象类、接口的概念和使用方法。

9.1   抽象类和抽象方法

定义抽象类的目的是提供可由子类共享的一般形式，这样子类就可以根据自身的需要扩展此抽象类。使用关键 abstract 来声明抽象类。

抽象类通常包含一个或多个抽象方法，抽象方法表明必须在该抽象类的子类中提供此方法的具体实现。使用关键字 abstract 来声明抽象方法。

为了更加明确,规定具有一个或多个抽象方法的类必须声明为抽象类。例如:

```
abstract   class   Animal{       // 抽象类
              ……
              public   abstract   void   eat();       // 抽象类方法
              ……
          }
```

注意:
抽象方法只有方法的声明,由分号;结束,抽象方法没有方法体。抽象方法用来表述系统具有什么功能,但不提供具体实现。

除了抽象方法,抽象类也可以有具体的属性和方法,由于构造方法不能被继承,构造方法不能声明为抽象方法。例如:在 Anamal 类中存储动物的名字,使用构造方法对它进行初始化,并用一个具体的 get××× 方法返回,如示例代码 9-1 所示:

示例代码 9-1　参与测试的抽象类 Animal

```
abstract class Animal {   // 抽象类
    private   String   name; // 属性

public   Animal(String   n){      // 构造方法
         name=n;
    }
    public   abstract   void   eat();   // 抽象方法
    public   String   getName(){      // 具体方法
    return   name;
    }
      }
```

在某种程度上,"abstract"和"final"的意义是相反的,final 类不可再被继承,而抽象类必须被继承。当一个具体类继承一个抽象类时,必须实现抽象类声明的所有抽象方法。

Dog 类和 Cat 类继承抽象类 Animal 的示例 , 如示例代码 9-2 所示:

示例代码 9-2　参与测试的抽象类 Animal、其子类及其测试类

```
package chapter09;
public class AnimalTest {
    public static void main(String[] args) {
    Cat cat = new Cat(" 咪咪 ");
    cat.eat();
```

```
            Dog dog = new Dog(" 非非 ");
            dog.eat();
        }
    }
abstract class Animal { // 抽象类
    public String name; // 属性
    public Animal(String n) { // 构造方法
    name = n;
        }
    public abstract void eat(); // 抽象方法
    public String getName() { // 具体方法
    return name;
        }
    }
class Dog extends Animal {
    public Dog(String n) {
    super(n); // 子类的构造方法
        }
    public void eat() { // 实现基类的抽象方法
    System.out.println(name + " 啃骨头 ");
        }
    }
class Cat extends Animal {
    public Cat(String n) { // 子类的构造方法
    super(n);
        }
    public void eat() { // 实现基类的抽象方法
    System.out.println(name + " 吃鱼 ");
        }
    }
```

运行结果如图 9-4 所示。

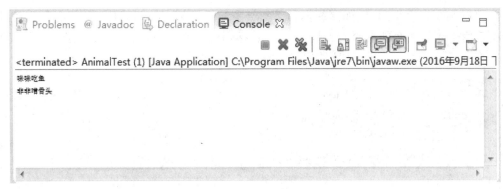

图 9-4　运行结果

抽象类位于继承树的上层,抽象类没有对象,也就是说,一个抽象类不能通过 new 关键字直接实例化。下面的语句引发编译错误:

> Animal　animal=new　Animal(" 非非 ");// 错误,不能创建抽象类的对象

但可以声明抽象类的引用指向子类的对象,通过抽象类的引用来操纵子类的对象,以此来实现程序的多态性。

> Animal　animal=new　Dog(" 非非 ");// 正确
> Animal.eat();　　　　　　　　　　　　// 调用 Dog 类的 eat 方法

使用 abstract 关键字需要遵循的语法规则如下:

抽象类中可以没有抽象方法,但包含了抽象方法的类必须被定义为抽象类,如果子类没有实现基类的所有抽象方法,那么该子类仍是一个抽象类,所以在定义该子类时也要声明为 abstract,否则编译出错。

9.2　接口的概念和基本特性

在 Java 语言中,接口有两种意思:

一是指概念性接口,即指系统对外提供的所有服务。类的所有能被外部使用者访问的方法构成类的接口。

二是指接口类型。它用于明确地描述系统对外提供的所有服务,能够更加清晰地把系统的实现细节与接口分离。

本章介绍的是接口类型,它与抽象类在表面上有些相似,接口类型与抽象类型都不能被实例化,这种接口机制使 java 的面向对象编程变得更加灵活,可以用接口来定义一个类的表现形式,但接口不能包含任何实现。

用关键字 interface,可以从类的实现中抽象一个接口,也就是说,用 interface,可以指定一个类必须做什么,而不是规定它如何去做。一旦接口被定义,任何类可以实现一个接口,而且,一个类可以实现多个接口,例如照相机和某些类型的手机都有拍照的功能。于是可以抽象出一个接口用于表示所有能拍照的工具类型,在该接口中声明一个拍照的方法,那么实现该接口的类有都有了拍照功能。程序代码如下:

```
/* 表示所有能拍照的工具类型 */
public  interface  PhotoGraphable{
    /* 拍照 */
    public  void  takePhoto( );
}
```

其中 PhotoGrapable 为接口名称,它可以是任何合法的标识符, interface 是定义接口的关键字, public 是接口的访问修饰符,表明该接口可以被任何代码使用。接口的访问修饰符只有两种,要么是 public,要么就没有修饰符,当没有访问修饰符时,则是默认访问范围,即在包内可以使用该接口。public void takePhoto(); 是接口中定义的的方法,注意接口中定义的所有方法没有方法体,并以分号(;)作为结束,其本质就是抽象方法。

接口定义之后,一个或多个类可以实现该接口,为实现一个接口,在类中必须包含 implements 子句,然后实现接口中定义的方法。

```
/* 照相机类实现 PhotoGraphable 接口 */
public  class  Camera  implements  PhotoGraphable{
    /* 实现接口方法 */
    public  void  takePhoto( ){
        // 照相机拍照
    }
......
}
/* 手机类实现 PhotoGrapable 接口 */
public  class  MabileTelephone  implements  PhotoGraphable{
    /* 实现接口方法 */
    public  void  takePhoto( ){
        // 手机拍照
    }
    ......
}
```

可以看到,当照相机和手机类都继承了接口以后,它都具有了拍照功能。

如果一个类实现多个接口,这些接口用逗号分隔,如果一个类实现两个声明了相同方法的接口,那么相同的方法将被任何一个客户使用。比如,手机都显示时间的功能,可以定义一个时间接口,然后让手机类继承该接口,如下代码:

```
        public   interface   Timeable
        {
            void   showTime( );
        }
        /* 手机类实现 PhotoGraphable 和 Timeable 接口 */
        public   class   MobileTelephone   implements   PhotoGraphable, Timeable{
            /* 实现接口方法 */
            public   void   takePhoto( ){
                    // 手机拍照
            {
            public   void   showTime( )
            {
                    // 显示时间
            }
            ……
        }
```

接口没有构造方法,不能被实例化,但允许定义接口类型的引用变量,该变量引用实现了这个接口的类的实例。例如:

```
PhotoGraphable   pg=new   Camera( );
pg.takePhoto( );
```

可以在接口声明中声明变量,它们都是隐式的 final 变量和 static 变量,这意味着它们不能被实现类修改。它们还必须用常量值进行初始化。

```
    /* 定义程序使用的常量接口 */
public   interface   GForce{
    public   static   final   double g= 9.8 ;
    }
```

接口中的方法默认都是 public、abstract 类型的。例如以下接口 A 的定义是合法的。

```
public   interface   A{
    int   CONST=1;      // 合法,CONST 默认为 public、static、final 类型
    void   method1( ); // 合法,默认为 public、abstract 类型
    public   abstract   void   method2( );// 合法,显式声明为 public、abstract 类型
```

接口中只能包含 public、static、final 类型的成员变量和 public、abstract 类型的成员方法。下面这段程序试图在接口中定义实例变量、非抽象的实例方法及静态方法,这是非法的。
    下面的示例所有方法和变量定义都是非法的。

```
public  interface  A{
    int  var;
    void  method1( ){System.out.println("method");}
    protected  void  method2( );
    static  void  method3( ){System.out.println("method3");}
}
```

一个接口不能实现另一个接口，但它可以继承多个其他接口，当一个类实现一个继承了另一个接口的接口时，它必须实现接口继承链中定义的所有接口。

```
interface  A{
    void  methodA( );
}
interface  B  extends  A{
    void  methodB( );
}
public  class  C  implements  B{
public  void  methodA( ){
    // 实现
}
public  void  methodB( ){
    // 实现
}
}
```

一个类只能继承一个直接的父类，但能实现多个接口。例如：

```
public  class  Sub  extends  Base  implements  A,B,C,{
    ……
}
```

与子类继承抽象父类相似，当类实现了某个接口的时候，它必须实现接口中的所有的抽象方法，否则这个类必须被定义为抽象类。

9.3　接口实例

本节以几何形状为例来实现一个小程序，以此来了解如何应用接口。

考虑有关几何形状的例子，对于不同的几何形状如正方形、长方形、圆形、椭圆形等，它们都有一些相同的操作如计算面积、周长等。从这些具体的形状类中抽象出一个形状接口 Shape，在 Shape 接口中定义所有具体形状所共有的方法，计算面积和计算周长。另外，某些与圆相关的形状在进行几何运算时常常会用到圆周率，由于圆周率是一个固定不变的值，所以可以把它定义为静态常量。得到的形状接口如示例代码 9-3 所示：

示例代码 9-3　参与接口测试的 Shape 接口

```
    /* 形状接口 */
interface   Shape{
        static   final   double   PI=3.1415926;
        double   area( );// 计算面积
        double   perimeter( );   // 计算周长
    }
```

为了简化程序，以长方形（Rectangle）和圆形（Circle）作为具体的形状类，分别实现 Shape 接口，如示例代码 9-4 所示：

示例代码 9-4　参与接口测试的 Rectangle 类和 Circle 类

```
public class Rectangle implements Shape {
    double length; // 长
    double width; // 宽
    public Rectangle(double I, double w) {
    length = 1;
    width = w;
    }
    public double area() { // 实现计算面积的方法
    return length * width;
    }
    public double perimeter() {
    return (length + width) * 2;
    }
}/* 圆形类 */
class Circle implements Shape {
    double radius; // 半径
    public Circle(double r) {
    radius = r;
    }
public double area() { // 实现计算面积的方法
    return PI * radius * radius;
}
```

```
    public double perimeter() { // 实现计算周长的方法
    return 2 * PI * radius;
    }
}
```

创建一个带 main() 方法的类，在 main() 中使用编写好的类，如示例代码 9-5 所示：

示例代码 9-5　参与接口测试的测试类

```
public class ShapeTest    {
    public static void main(String[] args) {
        Shape    s1=new    Rectangle(5,3);
        System.out.println(" 长方形面积是："+s1.area());
        Shape    s2=new    Circle(4);
        System.out.println(" 圆形周长是："+s2.perimeter());
    }
}
```

运行结果如图 9-5 所示。

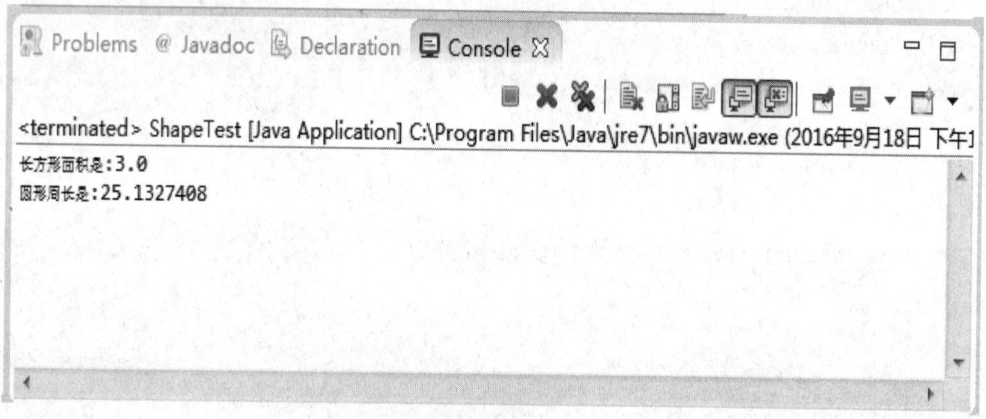

图 9-5　运行结果

9.4　比较抽象类与接口

抽象类与接口都位于继承树的上层，它们具有以下相同点。

（1）代表系统的抽象层。当一个系统使用一棵继承树上的类时，应该尽可能地把引用变量声明为继承树的上层抽象类型。

（2）都不能被实例化。

（3）都能包含抽象方法，这些抽象方法用于描述系统能提供哪些服务，但不必提供具体的实现。

抽象类与接口主要有两大区别：

（1）在抽象类中可以为部分方法提供默认的实现，从而避免在子类中重复实现它们，提高代码的可重用性，这是抽象类的优势所在，而在接口中只能包含抽象方法。由于抽象类中允许加入具体的方法（即非抽象方法），因此扩展抽象类的功能，即向抽象类中添加一个具体的方法，不会对它子类造成影响，而对于接口，一旦接口被公布，就必须非常稳定，因为随意在接口中添加方法，会影响到所有的实现类，这些实现类要么实现新增的抽象方法，要么声明为抽象类。

（2）一个类只能继承一个直接的父类，这个父类有可能是抽象类。但一个类可以实现多个接口，这是接口的优势所在。

> 注意：
>
> 为什么 Java 语言部分不允许一个类有多个直接的父类呢？
>
> 当子类覆盖父类的实例方法，或者隐藏父类的成员变量及静态方法时，Java 虚拟机采用不同的绑定规则。假如还允许一个类有多个直接的父类，那么会使绑定规则更加复杂。因此，为了简化系统结构和动态绑定机制，Java 语言禁止多继承。
>
> 而接口中只有抽象方法，没有实例变量和静态方法，只有接口的实现类才会实现接口的抽象方法，因此，一个类即使有多个接口，也不会增加 Java 虚拟机进行动态绑定的复杂度。因为 Java 虚拟机永远不会把方法与接口绑定，只会把方法与它的实现类绑定。

作为开发人员应根据以上情况扬长避短，发挥接口和抽象类各自的长处。使用接口和抽象类的总原则如下：

（1）用接口作为系统与外界交互的窗口，站在外界使用者（另一个系统）的角度，接口向使用者承诺系统能提供哪些服务，站在系统本身的角度，接口指定系统必须实现哪些服务，接口是系统中最高层次的抽象类型。

（2）由于外界使用者依赖系统的接口，并且系统内部会实现接口，因此接口本身必须十分稳定，接口一旦制定，就不容许随意修改，某些会对外界及内部使用者造成影响。

（3）用抽象类来定制系统中的扩展点，可以把抽象类看作介于"抽象"和"实现"之间的半成品，抽象类力所能及地完成了部分实现，但还有一些功能有待于它的子类去实现。

9.5 预定义接口 Comparable

接口用于声明对外所提供的服务。例如，有些服务提供商这样说："如果的类符合一个特定接口，那我将执行服务"。来看一下具体的例子，在 java.lang 包下有一个类 Arrays，该类中 sort 方法可以对一个对象数组进行排序，但前提是数组中的对象必须实现了 Comparable 接口。

Comparable 接口也在 java.lang 包下，它看起来类似下面的代码：

```
public interface Comparable{
    int compareTo(Object obj);
}
```

这意味着任何实现了 Comparable 接口的类有需要有一个 CampareTo 方法，并且该方法使用一个 Object 类的参数并返回一个整数。

该接口的一个附加要求是：当调用 x.compareTo(y) 时，compareTo 方法必须能够比较两个对象并且返回 x 或 y 谁更大的结果。该方法返回结果规定为：如果 x 小于 y，返回一个负数，如果相等，返回 0，否则返回一个正数。

现在假设需要使用 Arrays 类中的 sort 方法来对一个 Employee 对象数组进行排序，Employee 对象必须实现 Comparable 接口。

```
class Employee implements Comparable{
    ......
}
```

当然，Employee 类必须提供 compareTo 方法，在 compareTo 方法中指定根据年龄字段来进行排序。

下面是 compareTo 方法的实现。如果第一个员工的年龄小，则返回 -1 如果相相等返回 0。某些返回 1。

```
public int compareTo(Object obj){
    Employee emp=(Employee)obj;
    if(age<emp.age)
        return -1;
    else if(age>emp.age)
        return 1;
    else
        return 0;
}
```

现在已经知道，一个类如果要使用排序服务的话，必须做的工作——实现 compareTo 方法，接下来看一看完整的代码，如示例代码 9-6 所示：

示例代码 9-6　　举例说明 Comparable

```java
import java.util.Arrays;
public class SortTest {
    static class Employee implements Comparable {
    String name;
    int age;
    public Employee(String n, int a) {
    name = n;
    age = a;
    }
    public int compareTo(Object obj) {
    Employee emp = (Employee) obj;
    if (age < emp.age)
    return -1;
    else if (age > emp.age)
    return 1;
    else
    return 0;
    }
    public String getName() {
    return name;
    }
    public int getAge() {
    return age;
    }
    }
    public static void main(String[] args) {
    Employee[] emp = { new Employee("Carl", 27), new Employee("Carl", 25),
    new Employee("Tony", 21) };
    Arrays.sort(emp);
    for (int i = 0; i < emp.length; i++) {
    System.out.println("name=" + emp[i].getName() + ",age="
    + emp[i].getAge());
    }
    }
}
```

运行结果如图 9-6 所示。

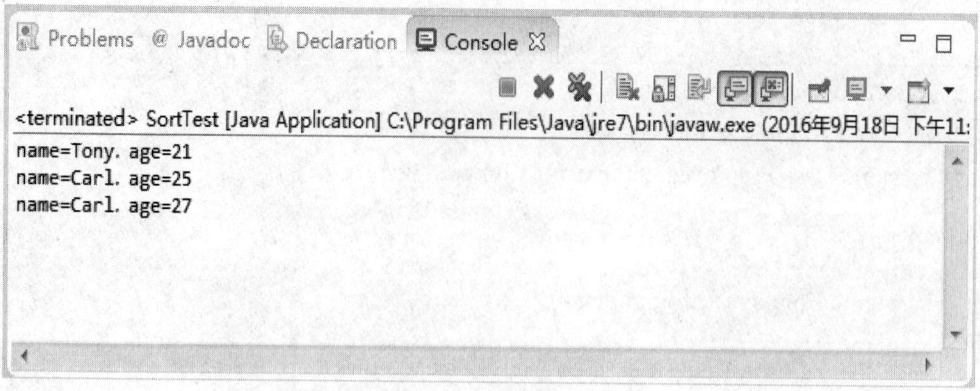

图 9-6　运行结果

9.6　小结

  ✓ 在定义一个类如果不打算创建该类对象，而仅仅是将它作为一个基类，可以将它声明为抽象类。

  ✓ 抽象类通常包含一个或多个抽象方法，抽象方法由继承抽象类的子类提供具体的实现。

  ✓ 接口就是需要由其他类实现的行为模板。在抽象类没有可供继承的默认实现时，一般可以用接口来代替该抽象类。

  ✓ 要使用接口，必须指定该接口的实现类，并且该类必须按照接口的声明中所指定的方法特征来实现该接口中的所有方法。

  ✓ 接口和抽象类都位于类的继承层次结构的上层，并且都不能实例化，但可以声明接口或抽象类的变量来引用子类或实现类的对象。

9.7　英语角

abstract	抽象
interface	接口
implements	实现

9.8　作业

1. 创建一个抽象类 Shape 包含抽象方法 draw。创建一个圆形类 Circle 和一和矩形类 Rectangle 继承 Shape 类，分别实现基类的抽象方法 draw。编写测试程序测试这三个类。

2. 将上面的抽象类 Shape 改用接口来实现。

9.9　思考题

1. 在面向对象的编程时，选择使用抽象类还是接口？

2. 抽象类与接口的概念和使用方法是怎样的？

9.10　学员回顾内容

抽象类与接口的概念和使用方法。

第 10 章 Java 集合

学习目标

◇ 了解从数组出发了解集合的概念。
◇ 掌握深入掌握和灵活应用集合：Set、List 和 Map。

课前准备

集合 Set。
集合 List。
集合 Map。

本章简介

本章之前已经介绍了 Java 数组，Java 数组的长度是固定的，在同一个数组中只能存放相同类型的数据，也可以存放引用类型的数据。

在创建 Java 数组的时候必须指定的数组的长度，数组一旦创建，其长度就不能被改变。在许多引用场合，数组的数目是不固定的，为了程序能够存储和操纵数目不固定的一组数据，JDK 类库提供了 Java 集合。所有 Java 集合类都位于 java.util 包中。与 Java 数组不同，Java 集合中不能存放基本数据类型，只能存放对象的引用。例如：公司的员工是不固定的，有新加入公司的，也有被辞退的。

Java 集合主要分为以下 3 种类型：

Set 集：集合中的对象不按特定方式排序，并且没有重复对象。它的有些实现类能对集合中的对象按特定方式排序。

List 列表：集合中的对象按照索引位置排序，可以有重复对象，允许按照对象在集合中的索引位置检索对象。List 与数组有些相似。

Map 映射：集合中的每一个元素包含一对键对象和值对象，集合中没有重复的键对象，值对象可以重复。它的有些实现类能对集合中的键对象进行排序。

> 注意：
> Set、List 和 Map 统称为 Java 集合，其中 Set 与数学中的集合最接近，两者都不能包含重复对象。

10.1　Collection 和 Iterator 接口

在 Collection 接口中声明了适合 Java 集合（只包括 Set 和 List）的通用方法，如表 10-1 所示。

表 10-1　Collection 接口的通用方法

方法	描述
boolean　add(Object　o)	向集合加入一个对象的引用
void　clear( )	删除集合中所有对象，即不在持有对象的引用
boolean　contains(Object o)	判断在集合中是否持有对象的引用
boolean　isEmpty( )	判断集合是否为空
Iterator　iterator( )	返回一个 Interator 对象，可以用它来遍历集合中的元素
boolean　remove(Object o)	从集合中删除一个对象的引用
int　size( )	返回集合中元素的个数
Object[] toArray( )	返回一个数组，该数组包含集合中的所有元素

Set 接口的和 List 接口都继承了 Collection 接口，而 Map 接口没有继承 Collection 接口，因此可以对 Set 和 List 对象调用以上方法，但 Map 对象不能调用以上方法。

Collection 接口的 Iterator( ) 和 toArray( ) 方法都用于获得集合中的所有元素，前者返回一个 Iterator 对象，后者返回一个包含集合中所有元素的数组。

Iterator 接口隐藏底层集合的数据结构，提供遍历各种类型的集合的统一接口，Iterator 接口中声明如下的方法：

hasNext( )：判断集合中的元素是否遍历完毕，如果没有，返回 true。

next( )：返回下一个元素。

remove( )：从集合中删除上一个由 next() 方法返回的元素。

例如：Visitor 类的 print() 方法中利用 Iterator 来遍历集合中的元素，如示例代码 10-1 所示：

```
示例代码 10-1    编写 Visiter 类练习 Iterator 接口的用法

import java.util.ArrayList;
import java.util.Collection;
import java.util.HashMap;
import java.util.HashSet;
import java.util.List;
```

```
import java.util.Map;
import java.util.Set;
import javax.swing.text.html.HTMLDocument.Iterator;
    public   class Visitor{
        public  static  void  print(Collection  C){
            java.util.Iterator   it=C.iterator();
            // 遍历集合中所有元素
            while(it.hasNext( )){
                Object  element=it.next();// 取出集合中一个元素
                System.out.println(element);
            }
    }
    public  static  void  main(String[ ]  args){
        Set  set=new  HashSet( );
        set.add("Tom");
        set.add("Mary");
        set.add("Jack");
        print(set);
        List  list=new  ArrayList();
        list.add("Linda");
        list.add("Mary");
        list.add("Rose");
      print(list);
        Map  map=new  HashMap();
        map.put("M"," 男 ");
        map.put("F"," 女 ");
        print(map.entrySet( ));
    }
}
```

以上 main() 方法定义 Set 集合变量时，语法如下：

```
Set set=new HashSet();
```

main() 方法先后创建了 Set、List 和 Map 实例，然后调用 print() 方法打印集合中的内容。

```
print(set);       // 遍历集
print(list);      // 遍历列表
print(map.netrySet());// 遍历映射中的每一对键和值
```

运行结果如图 10-1 所示。

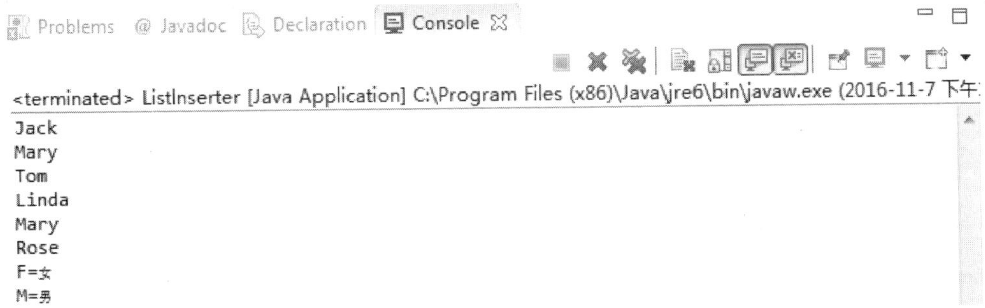

图 10-1　运行结果

> 注意：
> 如果集合中的元素没有排序，Iterator() 遍历集合中元素的顺序是任意的，并不一定
> 与向集合中加入元素的顺序一致。

10.2　Set(集)

Set 是最简单的一种集合，集合的对象不按特定的方式排序，并且没有重复对象。Set 接口主要有两个实现类：HashSet 和 TreeSet。HashSet 类按照哈希算法来存取集合中的对象，存取速度比较快，HashSet 还有一个子类 LinKedHashSet 类，它不仅实现了哈希算法，而且实现了链表数据结构，链表数据结构可以提高新增和删除元素的性能。TreeSet 类实现了 SortedSet 接口（继承自 Set），具有排序功能。

10.2.1　Set 的一般用法

Set 集合中存放的是对象的引用，并且没有重复对象。以下代码创建了 3 个引用变量：s1、s2、s3。s1 和 s2 引用变量引用同一个字符串对象 "hello"，s3 变量引用另一个字符串对象 "World"Set 集合依次把这 3 个引用变量加入集合中。

```
Set   set=new   HashSet();
String   s1=new   String("Hello");
    String   s2=s1;
    String   s3=new   String("World");
    set.add(s1);
    set.add(s2);
    set.add(s3);
    System.out.println(set.size( ));
```

以上程序的打印程序中对象的个数为 2,实际上只向集合加入了两个对象,如图 10-2 所示。

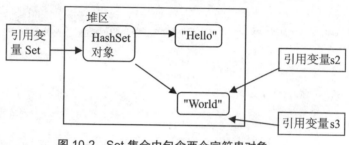

图 10-2　Set 集合中包含两个字符串对象

当新的对象加入 Set 集合中时,Set 的 add() 方法是如何判断这个对象是否已存在于集合中呢? 下面代码演示了 add() 方法的判断流程,其中,newStr 表示待加入的对象。

```
Boolean    isExists=false;
Iterator    it =set.iterator();
while(it.hasNext()){
    String    oldStr=(String )it.next( );
    if(newStr.equals(oldStr){
    isExists=true;
    break;
    }
}
```

可见,Set 采用对象的 equals() 方法比较两个对象是否相等,而不是采用"=="比较运算符。以下程序实际上只向集合加入了一个对象:

```
Set   set=new   HashSet();
String   s1=new    String("Hello");
String   s2=new    String("Hello");
set.add(s1);
set.add(s2);
System.out.println(set.size( ));
```

这样一来,虽然变量 s1 和 s2 实际上引用的是两个内存地址不同的 String 对象,但是由于 s2.equals(s1) 的比较结果为 true,因此, Set 认为它们是相等的对象,当第二次调用 Set 的 add() 方法时,add() 方法不会把 s2 引用的 String 对象加入集合中,以上程序的打印结果为 1。

10.2.2　HashSet 类

HashSet 类按哈希算法来存取集合中的对象,具有很好的存取和查找性能,当向集合中加入一个对象时, HashSet 会调用对象的 hashCode() 方法来获得哈希码,然后根据这个哈希码进一步计算出对象在集合中存放位置。

在 Object 类中定义了 hashCode 和 equals() 方法，Object 类的 equals() 方法按照内存地址比较对象是否相等，因此如果 object1.equals(object2) 为 true，则表明 object1 和 object2 实际上引用同一个对象，那么 object1 和 object2 的哈希码也一定相等，也就是说，如果 student1.equals(student2) 为 true 时，那么以下表达式的结果也为 true。

> Student1.hashCode()= =student2.hashCode()

如果用户定义的 Student 类覆盖了 Object 类的 equals() 方法，但是没有覆盖 Object 类的 hashCode 方法，就会导致当 student1.equals(student2) 为 true 时，而 student1 和 student2 的哈希码不一定一样，这会导致 HashSet 无法正常工作。

10.2.3　TreeSet 类

TreeSet 类实现 SortedSet 接口，能够对集合中的对象进行排序，以下程序创建了一个 TreeSet 对象，然后向集合中加入 4 个 Integer 对象，如示例代码 10-2 所示：

```
示例代码 10-2　举例说明 TreeSet

  Set   set=new   TreeSte( );
  set.add(new    Integer(8));
  set.add(new    Integer(7));
  set.add(new    Integer(6));
  set.add(new    Integer(9));
  Iterator   it=set.iterator( );
  while(it.hasNext( )){
  Sysetm.out.print(it.next+   "");
  }
```

当 TreeSet 向集合中加入一个对象时，会把它插入有序的对象序列中。那么，TreeSet 是如何对对象进行排序的呢？TreeSet 支持两种排序方式：自然排序和客户化排序，在默认情况下 TreeSet 采用自然排序的方式。

在这里只介绍自然排序。

在 JDK 类库中，有一部分类实现了 Comparable 接口，如 Integer、Double 和 String 等，Comparable 接口有一个 compareTo(Object o) 方法，它返回整数类型，对于表达式 x.compareTo(y)。如果返回值为 0，则表示 x 和 y 相等，如果返回值大于 0，则表达式 x 大于 y，如果返回值小于 0，则表示 x 小于 y。

TreeSet 调用对象的 compareTo() 方法比较集合中对象的大小，然后进行排序，这种排序方式称为自然排序，下表显示了 JDK 类库中实现了 Comparble 接口的一些类排序方式，如表 10-2 所示。

表 10-2　Comparble 接口的一些类排序方式

类	排序
Btye　Double　Flaot　Integer　Long　Short	按数字大小排序
Character	按字符的 Unicode 值的数字大排序
String	按字符串中字符的 Unicode 为值排序

使用自然排序时，只能向 TreeSet 集合加入同类型的对象，并且这些对象的类必须实现了 Compareble 接口。

```
Set.    set=new    TreeSet( );
set.add(new    Integer(8));
set.add(new    String("9"));        // 抛出 ClassCaseException 异常
```

以上程序先后向 TreeSet 集合加入了一个 Integer 对象和一个 String 对象，在第二次调用 TreeSet 的 add() 方法时抛出 ClassCaseException 异常。

以下代码中 Student 类实现了 Comparable 接口，在接口方法 compareTo() 的实现中指定学号 id 进行排序。在 main() 方法中向 TreeSet 集合加入了 4 个 Student 对象，如示例代码 10-3 所示：

示例代码 10-3　使用 TreeSet 集合添加 Student 对象，并测试其排序功能

```
import    java.util.*;
class    Student    implements    Comparable{
    private    int    id;        //学号
    private    String    name; 姓名
public    Student(int id , String    name){
    this.id=id;
    this.name=name;
    }
public    int    getId( ){
    return    id;
}
public    String    getName( ){
    return    name;
}
public    int    compareTo(Object    o){// 实现接口方法,指定按学号排序
    Student s=(Student) o;
    if(id<s.getId())return    -1;
    if(id>s.getId())return    1;
```

```
    return   0;
      }
    }
public   class   Student   Test{
    public   static   void   main(String[]args){
        Set   set =new   TreeSet();
        set.add(new   Student(3,"Tom"));
        set.add(new   Student(1,"Eddie"));
        set.add(new   Student(4,"Jane"));
        set.add(new   Student(2,"Mike"));
        Iterator   it=set.iterator();
        while(it.hasNext()){
            Student   s=(Student)it.next();
            System.out.println(s.getId()+""+ s.getName());
        }
      }
    }
```

运行结果如图 10-3 所示。

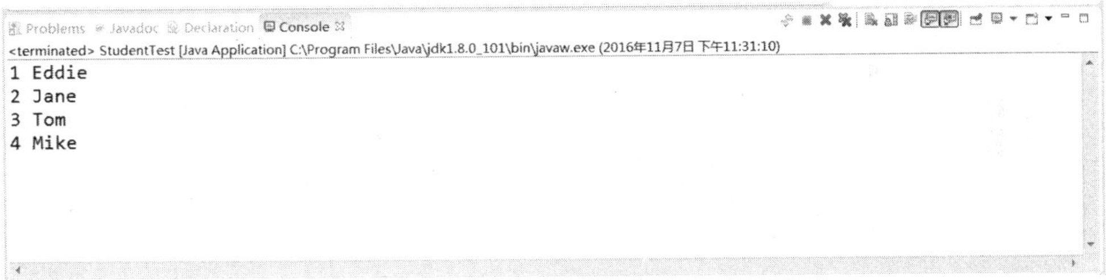

图 10-3　运行结果

10.3　List(列表)

　　List 的主要特征是其元素以线性方式储存,集合中允许存放重复对象, List 接口主要的实现类包括:

　　（1）ArrayList:代表长度可变的数组,允许对元素进行快速的随机访问,但是向 ArrayList 中插入与删除元素的速度较慢。

　　（2）LinkedList:在实现中采用链表数据结构。对顺序访问进行优化,向 List 中插入和删除元素的速度较快,随机访问速度则相对较慢。随机访问是指检索位于特定索引位置的元素。LinkedList 单独具有 addFirst()、addLast()、getFirst()、getLast()、removeFirst()、removeLast() 方法,这些方法使得 LinkedList 可以作为堆栈、队列和双向队列使用。

10.3.1　访问列表的元素

List 中的对象按照索引的位置排列,客户程序可以按照对象在集合中索引位置来检索对象。以下程序向 List 中加入 4 个 Integer 对象,如示例代码 10-4 所示:

示例代码 10-4　举例说明 List 接口的用法

```
List   list=new   ArrayList();
list.add(new   Integer(3));
list.add(new   Integer(4));
list.add(new   Integer(3));
list.add(new   Integer(2));
```

List 的 get(int   index) 方法返回集合中由参数 index 指定的索引位置的对象,第一个加入到集合中的对象的索引位置为 0。以下程序依次检索出集合中的所有对象。

```
for(int   i=0;i<list.size( );i++)
        System.out.println(list.get(i)+"");
```

List 的 iterator() 方法和 Set 的 iterator() 方法一样,也能返回 iterator 对象,可以用 Iterator 来遍历集合中所有对象,例如:

```
Iterator   it=list.iterator();
while(it.hasNext( )){
        System.out.println(it.next( ));
}
```

10.3.2　为列表排序

List 只能对集合中的对象按索引位置排列,如果希望对 List 中的对象按其他特定的方式排序,可以借助 Collections 类 Comparable 接口(或 Comparator 接口)。Collections 类是 Java 集合类库中的辅助类,它提供了操纵集合的各种静态方法,其中,sort() 方法用于对 List 中的对象进行排序。

Sort   (List   list):对象 List 中的对象进行自然排序。

Sort   (List   list,Comparator   comparator):对 List 中的对象进行客户化排序,comparator 参数指定排序方式。

示例代码 10-5 对 List 中的 Integer 对象进行自然排序。

示例代码 10-5　举例说明 List 中 Integer 对象的自然排序

```
List   list=new   ArrayList();
list.add(new   Integer(3));
list.add(new   Integer(4));
list.add(new   Integer(3));
list.add(new   Integer(2));
Collections.sort(list);
For(int=0;i<list.size();i++)
System.out.print(list.get(i)+"");
```

运行结果如图 10-4 所示。

10-4　运行结果

10.3.3　ListIterator 接口

List 的 listiterator() 方法返回一个 Listiterator 对象，Listiterator 接口继承了 Iterator 接口，此外还专门提供了操纵列表的方法。

- ➢ add()：向列表插入一个元素。
- ➢ hasNext()：判断列表是否还有下一个元素。
- ➢ hasPrevious()：判断表中是否还有一个上元素。
- ➢ next()：返回表中的下一个元素。
- ➢ previous()：返回表中的上一个元素。

如示例代码 10-6 所示：

示例代码 10-6　　Listiterator 类的 insert() 方法向一个有序的 List 列表中按顺序插入数据

```
import   java.util.*;
public   class   listIterator{
    // 向 List 列表中按顺序插入数据
    public   static   void   insert(List   list,int   data){
        listIterator   it=list.listIterator();
        while(it.hasNext( )){
            Integer   in=(Integer)it.next( );
            if(date< =in.intValue( )){
```

```
                        it.previous( );
                        it.add(new    Integer(data));// 插入数据
                        break;
                    }
                }
            }
        public   static   void   main(String[]args){
            List    list=new    LinkedList();// 创建一个链接列表
            list.add(new    Integer(4));
            list.add(new    Integer(1));
            list.add(new    Intnger(6));
            list.add(new    Integer(9));
            Collections.sort(list);// 为列表排序
            insert(list,5)// 在列表中插入数据
            System.out.println(list);
        }
    }
```

运行结果如图 10-5 所示。

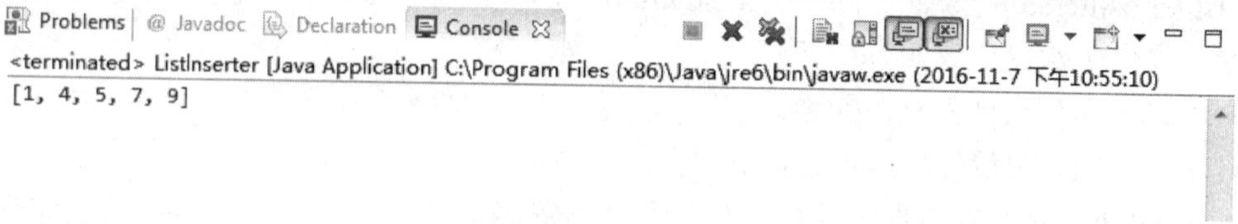

Problems @ Javadoc Declaration Console ✖

<terminated> ListInserter [Java Application] C:\Program Files (x86)\Java\jre6\bin\javaw.exe (2016-11-7 下午10:55:10)

[1, 4, 5, 7, 9]

图 10-5　运行结果

10.4　Map(映射)

Map（映射）是一种把键对象进行映射的集合，它的每一个元素都包含了一对键对象和值对象，而值对象仍可以是 Map 类型，依此类推，这样就形式了多级映射，新 Map 集合加入元素时，必须提供一对键对象和值对象，从 Map 集合中检索元素时，只要给出键对象，就会返回相应的值对象，以下程序通过 Map 的 put(Object, key, Object   value) 方法向集合中加入元素，通过 Map 的 get(Object   key) 方法来检索与键对象对应的值对象。

```
import   java.util.*;
public   class   MapTest
}
    public   static   void   main(String[ ]   args){
        Map   map=new   HashMap( );
        map.put("1""Monday");
        map.put("2""Tuesday");
        map.put("3""Wendsday");
        map.put("4""Thursday");
        String   day=(String)map.get("2");
        System.out.println(day);
    }
}
```

　　Map 集合中的键对象不允许重复,也就是说,任意两个键对象通过 equals() 方法比较结果都是 false。对于值对象则没有唯一性的要求,可以将任意多个键对象映射对象映射到同一个值对象上,例如以下 Map 集合中键对象"1"和"one"都和同一个值对象"Monday"对应。

```
import   java.util.*;
public   class   MapTest{
    public   static   void   main(String[ ] args){
        Map.map=new   HashMap( );
        map.put=("1", "Monday");
        map.put("one", "Monday");
        Iterator   it=map.entrySet().iterator( );
        while (it.hasNext( )){
        Map.Entry   entry=(Map.Entry)it.next();//entry 表示 Map 中的一对键与值
        System.out.println(entry.getKey( )+ ":"+entry.getValue();
    }
    }
}
```

　　由于第一次和第二次加入 Map 中的键值不一样,所以以上的结果是 Map 集合中有两个元素:

　　"1"对应"Monday"

　　"one"对应"Monday"

　　Map 的 entrySet() 方法返回一个 Set 集合,在这个集合中存放了 Map.Entry 类型的元素,每个 Map.Entry 对象代表 Map 的一对键与值。

　　Map 有两种比较常用的实现: HashMap 和 TreeMap。HashMap 按照哈希算法来存取键对象,有很好的存取性能,为了保证 HashMap 能正常工作,和 HashSet 一样,要求当两个键对象通过 equals() 方法比较为 true 时,这两个键对象的 hashCode() 方法返回的哈希码也一样。

TreeMap 实现了 SortedMap 接口,能对键对象进行排序,和 TreeSet 一样,TreeMap 也支持自然排序和客户化排序两种方式。以下程序的 TreeMap 会对 4 个 String 类型的键对象"4"、"1"、"3"、"2"进行自然排序,如示例代码 10-7 所示:

示例代码 10-7　利用 TreeMap 集合对 4 个 String 类型的键对象进行排序

```java
import  java.util.*;
public  class  MapTest{
    public  static  void  main(String[]args){
      Map  map=new  TreeMap( );
      map.put("4","Thursday");
      map.put("1","Monday");
      map.put("3","Wendsday");
      map.put("2","Tuesday");
      Set  keys=map.keySet( );        // 返回所有键对象的集合
      Iterator  it=keys.iterator( );
      while(it.hasNext)){
          String  key=(String)it.next ( );
          String  value=(String)map.get(key);// 根据键对象获取值对象
          System.out.println(key+""+value);
      }
    }
}
```

Map 的 keySet() 方法返回集合中所有键对象的集合,运行结果如图 10-6 所示。

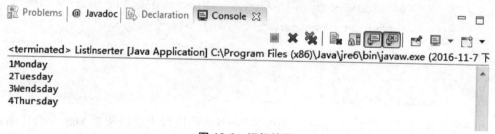

图 10-6　运行结果

如果希望 TreeMap 对键对象进行客户化排序,可调用它的另一个构造方法——TreeMap(Comparator comparator),参数 comparator 指定具体的排序方式。

10.5　小结

✓　掌握和灵活应用集合：Set、List、Map 等，能够给集合增加对象、删除对象、遍历集合等。

10.6　英语角

set　　　　　　　集合
list　　　　　　　列表
map　　　　　　　映射

10.7　作业

使用 ArrayList 添加几个 String 对象，分别通过索引 Iterator 接口遍历 ArrayList 中的元素，并输出元素的值。

10.8　思考题

对于集合，用什么方法遍历集合中的元素？

10.9　学员回顾内容

1. Java 集合类的层次结构。
2. ArrayList 和 Iterator 的使用方法。

第 11 章　多线程

学习目标

❖　正确理解多线程概念。
❖　能够区分线程与进程的区别。
❖　掌握 Java 中创建线程的两种方式。
❖　理解线程优先级和死锁的概念。
❖　掌握线程的同步和通信。

课前准备

多线程概念。
Thread 类。
线程同步。
线程调度和优先级。
死锁。

本章简介

在 Java 中创建线程,实现使用线程的同步和通信,完成邮件的收发。

11.1　相关理论知识

11.1.1　多线程的概念

以往开发的程序大都是单线程的,即一个程序从头到尾地执行。然而现实中的很多程序具有可以同时执行的特性,如一个网络服务器可以同时处理多个客户机的请求。一个程序或进程能够包含多个线程,这些线程可以根据程序的代码执行相应的指令。在处理计算机上实现多线程时,线程可以并行工作,提高程序执行效率。Java 语言的一大特性就是提供了优秀的多线程控制环境。

首先来理解几个名词。

多任务操作系统:周期性地将 CPU 时间划分给每个进程,使操作系统得以同时执行一个以上的进程。

程序：一段静态代码，它是应用软件执行的蓝本。

进程：程序一次动态执行的过程，是程序的最小的代码单位。

线程：指运行中的程序调度单位。

线程是进程中的实体，一个进程可以拥有多个线程，一个线程必须有一个父进程。线程不拥有系统资源，只有运行必需的一些数据结构。它与父进程的其他线程共享该进程所拥有的全部资源。线程可以创建和撤销线程，从而实现程序的并发执行。每个线程都有一个产生、存在和消亡的过程。通俗地讲，每启动一个程序，就启动了一个进程。在 Windows 3.x 下进程是最小运行单位。在 Windows 95/NT 下，每个进程还可以启动几个线程，比如每下载一个文件可以单独开一个线程。在 Windows 95/NT 下，线程是最小单位。 Windows 的多任务特性使得线程之间独立运行，但是它们彼此共享虚拟空间，也就是共用变量，线程有可能会同时操作部分内存。

11.1.2　创建线程

Java 语言中使用 Thread 类及其子类的对象表示线程。每个 Java 程序都有一个默认的主线程，程序开始时它就执行。它是产生其他子线程的线程，而且它必须最后执行，它执行各种关闭动作。尽管主线程在程序启动时被创建，但它可以由一个 Thread 对象控制。它通过 currentThread() 获得它的一个引用。对于应用程序 application 来说，main() 方法就是一个主线程。

Java 语言中通过两种途径创建线程，一种是用 Thread 类或其子类创建线程，另一种是实现 Runnable 接口。

第一种方式在 java.lang 中定义了一个直接从根类 Object 中派生的 Thread 类。Thread 类是一个具体的类，即不是抽象类，该类封装了线程的行为。所有以这个类派生的子类或间接子类，均为线程。在这种方式中，需要作为一个线程执行的类只能继承、扩充单一的父类。继承 Thread 类，覆盖方法 run()，在创建的 Thread 类的子类中重写 run()，加入线程所要执行的代码即可。

Thread 类的构造方法如表 11-1 所示。

表 11-1　Thread 类的构造方法

方法	用途
public Thread( )	用来创建一个线程对象
public Thread(Runnable target)	创建线程对象，参数 target 成为被创建的目标对象。这个目标必须实现 Runnable 接口
public Thread(ThreadGroup group, Runnable target,String name)	分配新的 Thread 对象，以便将 target 作为其运行对象，将指定的 name 作为其名称，并作为 group 所引用的线程组的一员
public Thread(Runnable target, String name)	分配新的 Thread 对象。这种构造方法与 Thread(null, target, name) 具有相同的作用

方法	用途
public Thread(String name)	分配新的 Thread 对象。这种构造方法与 Thread(null, null, name) 具有相同的作用
public Thread(ThreadGroup group, Runnable target)	分配新的 Thread 对象。这种构造方法与 Thread(group, target, gname) 具有相同的作用,其中的 gname 是一个新生成的名称。自动生成的名称的形式为 "Thread-"+n,其中的 n 为整数
public Thread(ThreadGroup group, Runnable target, String name, long stackSize)	分配新的 Thread 对象,以便将 target 作为其运行对象,将指定的 name 作为其名称,作为 group 所引用的线程组的一员,并具有指定的堆栈大小
public Thread(ThreadGroup group, String name)	分配新的 Thread 对象。这种构造方法与 Thread(group, null, name) 具有相同的作用

下面定义一个名为 NewThread 的线程,代码如下:

```
public class NewThread extends Thread{
    public void run ( ){
    // 具体实现
    }
}
```

这种方法简单明了,符合大家的习惯,但是,它也有一个缺点,那就是如果的类已经从一个类继承(如小程序必须继承自 Applet 类),则无法再继承 Thread 类。这时如果又不想建立一个新的类,应该怎么办呢?

第二种方式是最常用的方式,它打破了扩充 Thread 类方式的限制。Runnable 接口只包含了一个抽象方法 run()。声明自己的类实现 Runnable 接口并提供这一方法,将的线程代码写入其中,就完成了这一部分的任务。但是 Runnable 接口并没有任何对线程的支持,还必须创建 Thread 类的实例,这一点通过 Thread 类的构造函数 public Thread(Runnable target) 来实现。

下面演示如何定义一个线程,首先实现 Runnable 接口,代码如下:

```
public class Receiver implements Runnable{
    public void run ( ){
    // 具体实现
    }
}
```

然后通过 Thread 类的构造函数实现线程,代码如下:

> Receiver receiver = new Receiver(mailbox);
> Thread receiveThread = new Thread(receiver);
> sendThread.setName(" 接收邮件!! ");

使用 Runnable 接口来实现多线程使得能够在一个类中包容所有的代码,又利于封装。它的缺点在于,只能使用一套代码,若想创建多个线程并使各个线程执行不同的代码,则仍必须额外创建类。如果这样的话,并还不如直接用多个类分别继承 Thread 来的紧凑。

综上所述,两种方法各有千秋,大家可以灵活运用。无论是那种途径,最终都需要使用 Thread 类及其方法。

在 Java 程序中,除了由用户创建的线程,还有一类线程叫守护线程(Daemon Thread),它是在后台运行并且为其他线程提供服务的线程,如垃圾回收器。

任何一个 Java 线程都能成为守护线程。它是作为运行于同一个进程内的对象和线程的服务提供者。例如:HotJava 浏览器有一个称为后台图片阅读器的守护线程,它为需要图片的对象和线程从文件系统或网络读入图片。守护线程是应用中典型的独立线程,它为同一应用中的其他对象和线程提供服务。守护线程的 run() 方法一般都是无限循环,等待服务请求。当正在运行的线程都是守护线程时, Java 虚拟机就会退出。所以可以使用守护线程做一些不是很严格的工作,防止线程随时结束时产生的不良的后果。Thread 类的 setDaemon(Boolean on) 方法将该线程标记为守护线程或用户线程。isDaemon() 方法测试该线程是否为守护线程。

另外 Java 还提供一种叫线程组的机制,使得多个线程集于一个对象内,能对它们实行整体操作。譬如,能用一个方法调用来启动或挂起组内的所有线程。Java 线程组由 Thread-Group 类实现。

当线程产生时,可以指定线程组或由实时系统将其放入某个缺省的线程组内。线程只能属于一个线程组,并且当线程产生后不能改变它所属的线程组。

11.1.3 Thread 类的重要方法

下面给出 Thread 的重要方法如表 11-2 所示。

表 11-2　Thread 的重要方法

方法	用途
static int activeCount()	返回当前线程的线程组中活动线程的数目
static Thread currentThread( )	返回对当前正在执行的线程对象的引用
static int enumerate(Thread[] tarray)	将当前线程的线程组及其子组中的每一个活动线程复制到指定的数组中
void join( )	等待该线程终止
void run( )	如果该线程是使用独立的 Runnable 运行对象构造的,则调用该 Runnable 对象的 run 方法;否则,该方法不执行任何操作并返回
void setDaemon(boolean on)	将该线程标记为守护线程或用户线程

方法	用途
void setName(String name)	改变线程名称,使之与参数 name 相同
String getName()	返回该线程的名称
void setPriority(int newPriority)	更改线程的优先级
static void sleep(long millis)	在指定的毫秒数内让当前正在执行的线程休眠(暂停执行),此操作受到系统计时器和调度程序精度和准确性的影响
void start( )	使该线程开始执行;Java 虚拟机调用该线程的 run() 方法
static void yield( )	暂停当前正在执行的线程对象,并执行其他线程
boolean isDaemon( )	测试该线程是否为守护线程
void setDaemon(boolean on)	将该线程标记为守护线程或用户线程。当正在运行的线程都是守护线程时,Java 虚拟机退出。该方法必须在启动线程前调用
boolean isAlive ( )	测试线程是否处于活动状态。如果线程已经启动且尚未终止,则为活动状态

11.1.4　线程状态

Java 语言使用的是 Thread 类及其子类的对象来表示线程。创建一个新的线程的生命周期有四种状态。

1. 新建状态 (New Thread)

当一个 Thread 类或者其子类的对象被声明并创建时,新的线程对象处于新建状态,此时已经有了相应的内存空间和其他资源。

2. 就绪状态 (Ready)

处于新建状态的线程被启动后,将进入线程队列排队等待 CPU 服务,这个时候它已经具备了运行的条件,一旦轮到它来享用 CPU 的时候,就可以脱离创建它的主线程,独立开始自己的生命周期。

3. 运行状态 (Running)

就绪的线程被调度并获得处理器资源时便进入了运行状态。每一个 Thread 类及其子类的对象都有一个重要的 run() 方法,当线程对象被调度执行的时候,它将调用自己的 run() 方法,从第一句代码开始执行。所以说对线程的操作应该写到 run() 方法中。

4. 阻塞状态 (Blocking)

线程可以执行,但存在某个阻塞因素时,线程进入阻塞状态。直到线程处于停滞状态,才可能被执行。

当以下事件发生时,线程进入停滞状态。

suspend() 方法被调用,线程处于挂起状态。

sleep() 方法被调用,线程处于睡眠状态。

wait() 方法被调用,线程处于等待状态。

线程处于 I/O 等待。

线程尝试调用另一个对象的 synchronized() 方法,而且尚未取得该对象的锁。

5. 死亡态 (Dead)

当 run() 方法返回,或别的线程调用 stop() 方法,线程进入死亡态。通常 Applet 使用它的 stop() 方法来终止它产生的所有线程。所谓死亡态就是线程释放了实体,即释放分配给线程对象的内存。

> 注意:
> 现在 JDK 中 destory()、suspend()、resume()、stop() 等一些方法已不建议使用,主要是考虑到它们的安全性和死锁倾向。

11.1.5　线程调度和优先级

虽然说线程是并发运行的,然而事实常常并非如此。正如前面谈到的,当系统中只有一个 CPU 时,处于准备就绪状态的线程将进入就绪队列,排队等待 CPU 资源。以某种顺序在单 CPU 情况下执行多线程被称为调度(scheduling)。Java 采用的是一种简单、固定的调度法,即固定优先级调度。这种算法根据处于可运行态线程的相对优先级来进行调度。当线程产生时,它继承原线程的优先级。线程的优先级是通过 Thread 类中定义常量实现的。它有三个常量:

> ➢ MIN_PRIORITY　　　指线程可以具有最低的优先级,常量值为 1。
> ➢ NORM_PRIORITY　　指分配给线程的默认优先级,常量值为 5。
> ➢ MAX_PRIORITY　　　指线程可以具有最高的优先级,常量值为 10。

在需要时还可以对优先级进行修改。使用 setPriority(int newPriority) 方法更改线程的优先级,newPriority 的值必须为 1 到 10 的范围。还可以使用 getPriority() 方法返回线程的优先级。需要注意的是,有些操作系统只能识别 3 个级别:1、5、10。

在任何时刻,如果有多条线程等待运行,系统选择优先级最高的可运行线程运行。只有当它停止、自动放弃或由于某种原因成为非运行态,低优先级的线程才能运行。如果两个线程具有相同的优先级,它们将被交替运行。

> 注意:
> Java 实时系统的线程调度算法还是强制性的。在任何时刻,如果一个比其他线程优先级都高的线程的状态变为可运行状态,实时系统将选择该线程来运行。

11.1.6　线程同步

Java 中可以创建多个线程,在处理多线程问题时,必须要注意这样一个问题:当多个线程同时操作同一个资源时,可能会发生混乱。如一个工资系统,当管理员修改工资时,正巧有员工查询工资,这时将有可能出现错误。所以需要有一个种机制来避免这种情况的出现。

在 Java 中采用线程的同步机制。线程的同步用于线程共享数据,转换和控制线程的执行保证内存的一致性。在 Java 中,运行环境使用锁(Monitor)来解决线程同步的问题。

　　Java 为每个拥有 synchronized() 方法的对象实例提供了一个锁。为了完成分配资源的功能，线程必须得到锁。

　　当调用同步（synchronized()）方法时，该线程就获得了锁。该方法的边界上实行严格的互斥，在同一时刻，只允许一个线程进入该方法，其他希望进入该方法的线程必须等待。Java 中可以用两种方法同步化代码，两者都使用 synchroneized 关键字。

　　第一种方法就是调用被 synchronized 关键字修饰的方法。当一个线程在一个同步方法内部试图调用该方法的同实例的其他线程必须等待。

```
synchronized public void doTransaction(String trans){
    // 代码实现
}
```

第二种方法定义一个 synchronized 同步块。

```
synchronized(object){
    // 代码实现
}
```

　　现在考虑开始时的邮件系统：当发信者和收信者在同一时刻对邮箱进行操作，得到的邮件就可能出现问题。比如，一个发信者还未把邮件的内容发送完毕，一个收信者就已经把信取走。在这种情况下，一个事务就可能被另一个事务覆盖。这种情况如果在现实生活中将可能带来严重的后果。这时便可以将对邮箱的操纵进行同步。每个对象在运行时都有一个关联的锁，这个锁可通过为方法添加关键字 synchronized 来获得。这样，修订过的程序将不会出现像数据损坏这样的错误。

11.1.7　死锁

　　想象这样一种情形：当发信者进入 synchronized 同步块时，发现 mailBox 的 isNewMail 为 false，这代表邮件还未取走，他不能发送邮件，只能在同步块中等待。而这时收信者想进入同步块取走邮件，但由于同步块被发信者占有，他又无法进入同步块中取信。这样就出现了两者相互等待的状态，这就是死锁。

　　死锁可以被这样描述：

➢　多个线程同时被阻塞，它们种的一个或者全部在等待某个资源被释放。

➢　由于线程被无限期地阻塞，因此程序不可能正常终止。

➢　导致死锁的根源在于不适当地运用 synchronized 关键字来管理线程对特定对象的访问。

　　死锁形成条件包括：

➢　互斥条件，即资源是不能够被共享的。

➢　至少一个进程在使用一个资源时却在等待另一个线程所持有的一个资源。

➢　资源不能够被进程抢占。

➢　必须有循环的等待。

　　那么要解除死锁，只要让这几个条件中的一个不成立就可以了。死锁一般只会出现在两个或者更多的线程同时等待同一个条件时才会发生,单一线程是不会发生死锁的。

　　Java 并不提供对死锁的检测机制,所以只能通过周详的设计来避免死锁。当程序中有几个竞争资源的并发线程,保证均衡性是很重要的。均衡是指每个线程在执行过程中都能充分访问有限的资源。最简单的防止死锁的方法是对竞争的资源引入序号,如果一个线程需要几个资源,那么它必须先得到小序号的资源再申请大序号的资源。

11.2　提高

　　通过上面的学习,知道当一个线程正在使用一个同步方法时,其他线程就不能使用这个同步方法。这时可能会遇到一些情况,如在售票窗口买票,和售票员都没有零钱,那就必须等待,让后面的人先买票,以便售票员有零钱来找零。如果后面的人仍没有零钱,那俩都必须继续等待。这中间就需要有一种通信机制来帮助们进行沟通。

　　Java 中提供一种 wait-notify 的机制,进行机制间的通信,它主要包括 wait()、notify() 和 notify-All() 三个方法。

　　如果调用同步方法的线程发现资源已被分配,那么这个线程将调用等待操作 wait()。进入 wait() 后,该线程放弃占用锁,进入等待状态,以便其他线程进入同步方法。最终,占用资源的线程将把线程获得资源归还还给系统,此时,该线程需调用一个通知操作 notify(),通知系统允许其中一个等待的线程获得资源。被通知的线程是排队的,从而避免无限拖延。此外还有 notifyAll(),它通知所有等待的线程,使它们竞争资源,结果是其中一个获得资源,其余返回等待状态。

　　在邮件系统种应用了 wait-notify 机制,具体代码如下:

```
// 在 Sender 中
synchronized(mailBox){
    while(mailBox.isNewMail( )){
    }
    mailBox.notify();    // 添加邮件内容省略
}
// 在 Reciver 中
synchronized(mailBox){
    while(!mailBox.isNewMail( )){
        mailbox.wait( );
    }
    mailBox.notify( );    // 阅读邮件内容省略
}
```

这样发信者和收信者两个线程便可以进行通信了。

11.3　相关实践知识

1. 在 Eclipse 中新建名为 MailBox 的项目，实现一个多线程的例子，在项目中新建 mailbox 包。如图 11-1 所示。

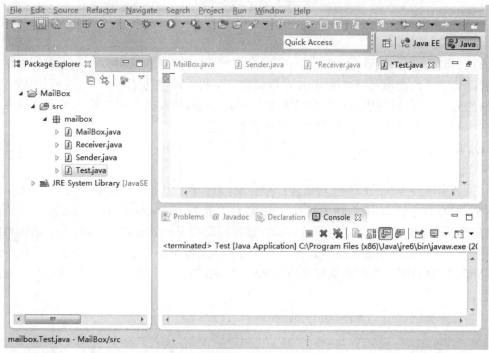

图 11-1　MailBox 项目

2. 在项目中新建类 MailBox，用来存储邮件对象。为了简便，设置邮件的容量为 1，即只能放一封信，发信者等待收信者取走信件后，才可以放入新邮件，如示例代码 11-1 所示：

示例代码 11-1　创建 MailBox 类，用来存储邮件对象

```
package mailbox;
public class MailBox {
    private boolean newMail; // 是否有新的邮件
    private String text; // 邮件内容
    // 判断是否有新的邮件
    public boolean isNewMail() {
```

```
return newMail;
    }
    // 取走邮件
    public String getText() {
    this.newMail = false;
    return text;
    }
    // 放置邮件
    public void setText(String text) {
    this.newMail = true;
    this.text = text;
    }
}
```

3. 在项目中新建 Sender 类，用来定义发信者，发送邮件到邮箱，如示例代码 11-2 所示：

示例代码 11-2　　创建 Sender 类，用来定义发信者

```java
package mailbox;
import java.text.SimpleDateFormat;
import java.util.Date;
public class Sender implements Runnable {
    private MailBox mailBox; // 初始邮箱
    public Sender(MailBox mailBox) {
    this.mailBox = mailBox;
    }
    public void run( ) {
    try {
    while (true) {
    synchronized (mailBox) {
    while (mailBox.isNewMail()) // 邮件还未取走，线程等待
    {
    mailBox.wait();
    }
    // 给邮件添加时间
    SimpleDateFormat sdf = new SimpleDateFormat(
    "yyyy-mm-dd HH:mm:ss");
    String str = " 邮件内容：";
    str += sdf.format(new Date( )) + "/n";
```

```
        str += " 欢迎使用 MailBox 邮件系统!! ";
        mailBox.setText(str); // 设定邮件内容
        Thread.sleep(1000); // 模拟发送处理时间
        mailBox.notify ( ); // 通知收信者有新邮件
        }
        }
    } catch (InterruptedException e) {
    e.printStackTrace( );
        }
        }
}
```

4. 在项目中新建类 Receiver，用来定义收信者，从邮箱取出邮件，如示例代码 11-3 所示：

示例代码 11-3　　定义 Receiver 类，用来定义收信者

```
package mailbox;
public class Receiver extends Thread {
    private MailBox mailBox; // 初始邮箱
    public Receiver(MailBox mailBox) {
    this.mailBox = mailBox;
    }
    // @Override
    public void run() {
    try {
    while (true) {
    synchronized (mailBox) {
    while (!mailBox.isNewMail( )) // 没有新邮件,进入等待
    {
    mailBox.wait();
    }
    String mailtext = mailBox.getText( ); // 取出邮件
    Thread.sleep(500); // 模拟取信时间
// 阅读邮件内容
    System.out.println(" 邮件内容为: " + mailtext);
mailBox.notify( ); // 通知发信者可以发信了
    }
```

```
        }
    } catch (Exception e) {
    e.printStackTrace( );
    }
        }
    }
```

5. 在项目中新建 Test 测试类，如示例代码 11-4 所示：

示例代码 11-4　创建 Test 测试类

```
package mailbox;
public class Test {
    private static int defaultTime = 2; // 默认时间为 2 分钟
    private int currTime;
    public void runMailBox(int time) {
    if (time < defaultTime) {
    currTime = defaultTime;
    }
    currTime = time;
    MailBox mailbox = new MailBox( );
    Receiver receiver = new Receiver(mailbox);
    Sender sender = new Sender(mailbox);
    Thread sendThread = new Thread(sender);
    sendThread.setName(" 发送邮件 ");
    Thread receiveThread = new Thread(receiver);
    sendThread.setName(" 接收邮件 !!");
    System.out.println(" 启动发信 !");
    sendThread.start();
    System.out.println(" 启动收信 !!");
    receiveThread.start( );
    sendThread.setPriority(Thread.MIN_PRIORITY);
    receiveThread.setPriority(Thread.MAX_PRIORITY);
    try {
    for (int i = 0; i < currTime; i++) {
    Thread.sleep(60 * 1000);
```

```
        System.out.println(" 邮件系统正在工作 .....");
        }
    } catch (Exception e) {
        e.printStackTrace( );
    }
    sendThread.interrupt();
    receiveThread.interrupt();
    System.out.println(" 运行结束 !!");
    }
    public static void main(String[ ] args) {
    int time = 3;
    Test test = new Test();
    System.out.println(" 运行时间 :" + time);
    test.runMailBox(time);
    }
}
```

6. 运行结果如图 11-2 所示。

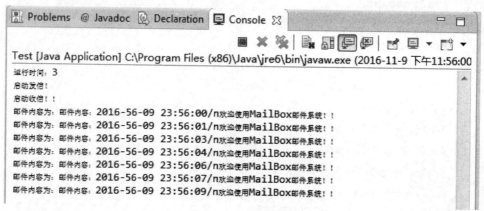

图 11-2   运行结果

11.4   小结

✓   一个进程中可以同时包括多个线程, 也就是说一个程序中同时可能进行多个不同的子流程。

✓   在 Java 中要实现线程功能, 可以继承 java.lang.Thread 类, 并重新定义 run() 方法。

✓   除了继承 Thread 类定义线程类以外, 还可以通过实现 java.lang.Runnable 接口来定义含有线程功能的类。

- ✓ 线程也有完整的生命周期。
- ✓ Java 线程同步。
- ✓ 合理地使用线程,将会减少开发和维护成本,甚至可以改善复杂应用程序的性能。

11.5　英语角

thread	线程
synchronized	同步
notify	通知
blocked	堵塞(阻塞)

11.6　作业

利用本章学习内容实现在控制台输出 A ～ Z,要求每 2 秒输出一个。

11.7　思考题

线程状态之间的转项条件是什么?

11.8　学员回顾内容

1. 多线程的概念。
2. 多线程的使用。

上机部分

第 1 章　Java 入门

本阶段目标

    ✧ 了解 Java 语言的特点。

    ✧ 掌握 Java 的执行过程。

    ✧ 掌握 Java 的基本编写结构。

本阶段给出的步骤全面详细,请学员按照给出的上机步骤独立完成上机练习。以达到要求的学习目标。请认真完成下列步骤。

1.1　指导(1 小时 10 分钟)

1.1.1　安装和配置 JDK

本指导讲解怎样安装 JDK。将按如下步骤完成 JDK 的安装:

第一步:获取 JDK 安装软件,如 JDK-1_6_0_05-windows-i586-p.exe,存放在如 D 磁盘分区或其他磁盘分区上。

第二步:运行安装软件用鼠标左键双击。JDK-1_6_0_05-windows-i586-p.exe 安装软件,进入安装界面。如图 1-1 所示。

图 1-1   安装界面

第三步：程序自动弹出"许可证"界面，在该界面选择"接受（A）＞"项，如图 1-2 所示。

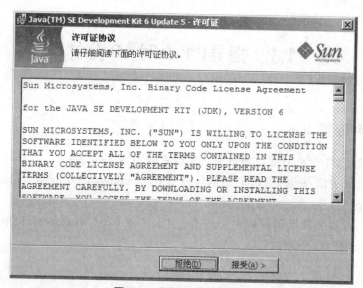

图 1-2   "许可证"界面

　　第四步：在第三步的界面，继续按"下一步（N）＞"命令按钮，进入自定义安装界面，如图 1-3 所示。

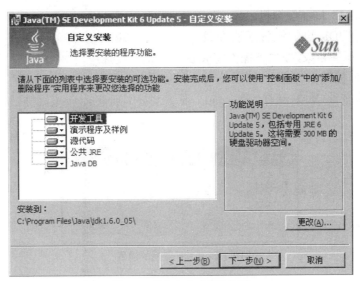

图 1-3　"自定义安装"界面

在图 1-3 中,可按"更改(A)…"命令按钮,设置"安装到:"路径,以指定安装路径,这里使用其默认值路径,列表框列出了所有安装的工具以供选择,这里选择"开发工具"进行安装。

第五步:在第四步的界面按"下一步(N)>"命令按钮,进行的程序安装"进度"界面,该界面显示了安装进度情况,如图 1-4 所示。

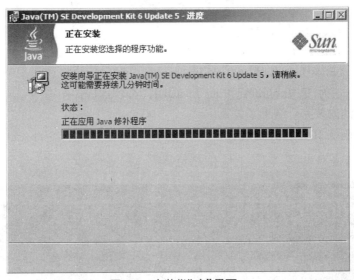

图 1-4　安装"进度"界面

第六步:如果你的环境里没有安装 JRE(Java　Runtimr　Environment),安装程序将安装 JRE,同时系统再次进入"自定义"界面进行 JRE 的安装。

第七步:在第六步"自定义安装"界面按"下一步(N)>"命令按钮,进入浏览器注册界面。

第八步:在第七步界面中按"下一步(N)>"命令按钮,进入 JRE 安装进度界面。

第九步:JRE 安装完成了,那么 JDK 就安装完成了,其中包含了 Java 运行环境的安装,这样在计算机中就有了 Java 虚拟机。

第十步：配置 JDK 可知性程序所在目录，即设置 Window 环境变量，在 path 变量中增加 JDK 可执行程序所在目录，按如下操作完成 path 变量的设置：

打开"控制面板"→"系统"→"系统属性"页→"高级"页→"环境变量"，分别给"Path"和 "classpath"环境变量（如果没有"classpath"环境变量则新建一个），增加数据值，如图 1-5 和 图 1-6 所示。

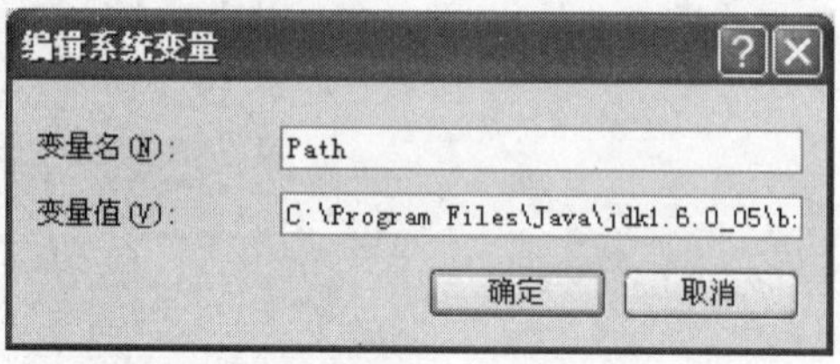

图 1-5 Path 变量的设置

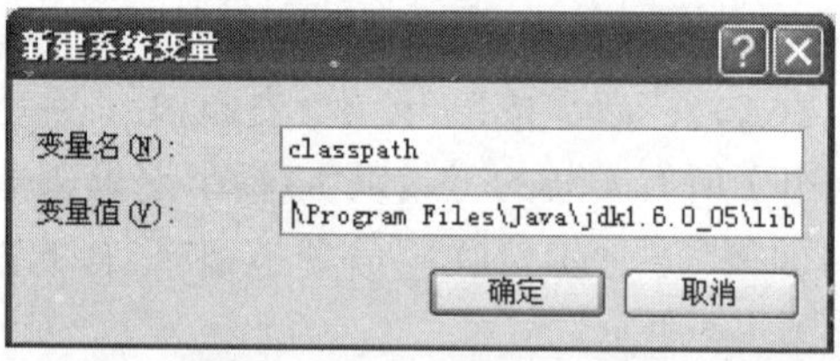

图 1-6 Path 变量的设置

通过图 1-5 和图 1-6，设置 JDK 的环境变量，如：

JDK 的 classpath 值为：

C:\Program　Files\Java\JDK1.6.0_05\lib

JDK 的 path 值为：C:\Program　Files\Java\JDK1.6.0_05\bin

至此，JDK 的安装完全结束了。

第十一步：确认 JDK 已经安装且已经启动，在 DOS 界面运行命令：java-version，如图 1-7 所示。

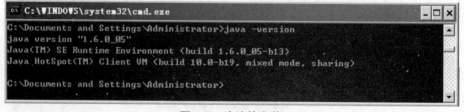

图 1-7 确认的安装

从图 1-7 可以看到 java-version 执行结果中已经输出 java　version"1.6.0_0_05"说明 JDK 开发环境已经安装完毕可以使用该开发环境了。

1.1.2　JDK 应用

> 通过第 1 章 Java 入门的讲解，知道 JDK 就是 Java Development Kit（Java 开发工具包）的缩写，为 Java 应用程序提供了基本的开发和运行环境，所以熟悉 JDK 是进一步学习和使用 Java 关键，通过它能打开 Java 成功之门。接下来使用 JDK 实现第一个应用程序。

编写一 Java 应用程序，输出"欢迎来到 wish"。

要求：本章对已安装和配置好环境变量 JDK 的环境进行应用程序开发。

将按如下指导步骤完成工作：

第一步：进入 Window 系统，用鼠标右键点击桌面，从弹出菜单选择"新建（W）"→"文本文档"，则能在桌面创建一个空文本文件，把该空文本文件更名为："GoodWish.java"，如图 1-8、图 1-9 所示。

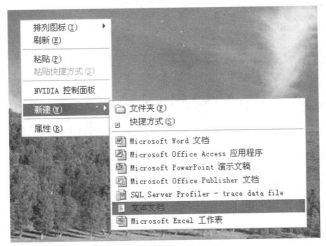

图 1-8　空文本文件更名

图 1-9　空文本文件更名

第二步：打开第一步创建的"GoodWish.java"文本文件，编写应用程序源代码，确定应用程序源代码的框架，因为要编写的是 Java 应用程序，能够建立可运行的应用。所以确定应该用的框架如下：

```
public class GoodWish{
//Java 中的 main 主函数
public static void main （String[] args）{
}
}
```

在该框架,定义了一个自己的 Java 类 GoodWish,同时定义了一个可执行应用程序的入口方法 main,该方法是:

访问权限:public 方法,也就是类的公用方法。

静态方法:static 修饰

参数限制:main（String[] args）

返回类型:void

注释说明://Java 中的 main 主函数

第三步:实现输出"欢迎来到 wish!"为了实现输出,最简单的
方法就是在现有的 main 方法中加入的输出语句,如下所示:

```
public static void main (String[ ] args){
    /* 输出   欢迎来到 wish*/
System.out.println(" 欢迎来到 Wish");
   }
```

在该示例中加入了两行语句:

注释说明:/* 输出   欢迎来到 wish*/

输出语句: System.out.println(" 欢迎来到 Wish"); 该语句是调用 System 类的 out 对象的 println 方法实现输出。

输出方法说明:输出方法 println 是一个输出文本信息后换行的输出语句。

第四步:组合以上第一步和第二步程序,如下所示:

```
public class GoodWish {
//Java 中的 main 主函数
public static void main（String [ ]  args）{
    */  输出欢迎来到 Wish*/
    System.out.println(" 欢迎来到 Wish");
}
   }
```

第五步:确认 JDK 已经安装且已经启动,在 DOS 界面运行命令: java-version,如图 1-10 所示。

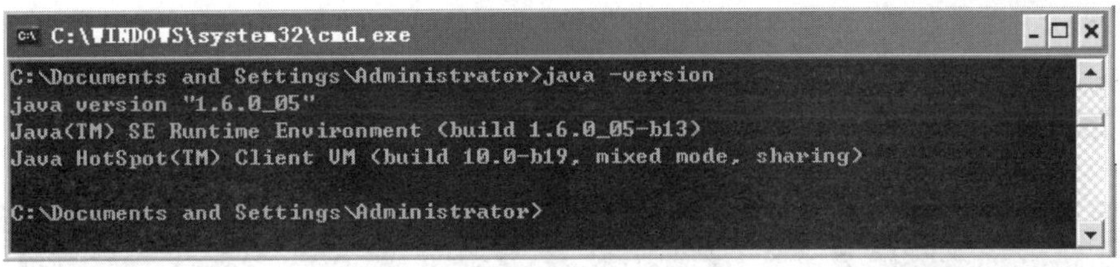

图 1-10 运行命令 java-version

从图 1-10 可以看到 java-version 执行结果中已经输出: java version "1.6.0_0_05" 表明 JDK 开发环境已经安装完毕可以使用开发环境了。

第六步: 确认 JDK 环境变量已经正确设置, 打开"控制面板"→"系统"→"系统属性"→"高级"→"环境变量"; 查看"Path"和"classpath"环境变量, 如图 1-11 和图 1-12 所示。

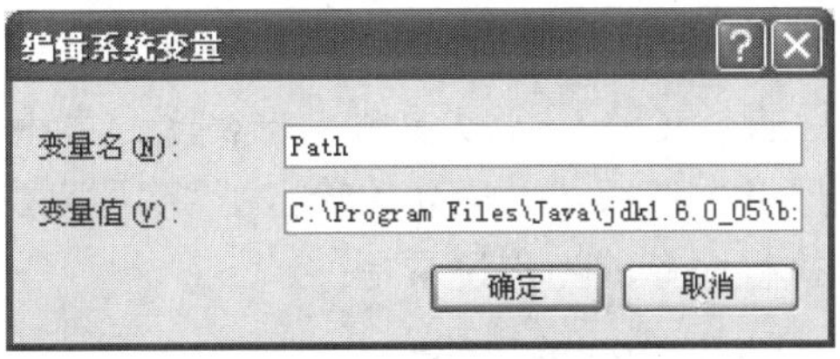

图 1-11 Path 变量

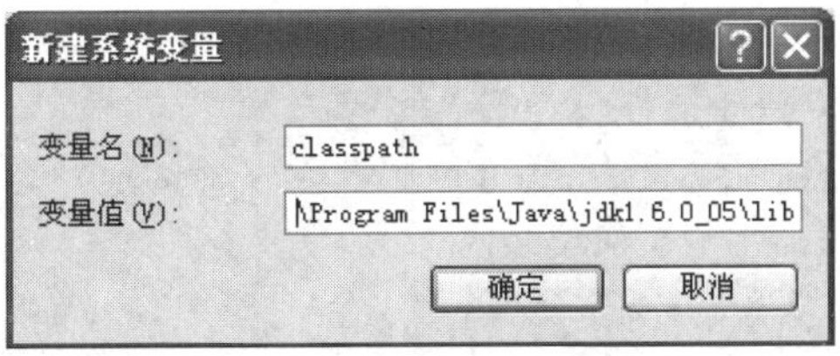

图 1-12 classpath 变量

通过图 1-12 和图 1-11, 发现 JDK 所需要的环境变量都已经设置如:

JDK 的 classpath 值为: C:\Program Files\Java\JDK1.6.0_05\lib

JDK 的 classpath 值为: C:\Program Files\Java\JDK1.6.0_05\bin

第七步: 创建的源文件夹"d:\javasource"并把刚才创建的源文件拷入该文件夹。

第八步: 使用 Java 命令编译创建的文件 GoodWish.java, 如图 1-13 所示。

图 1-13 编译创建的文件 GoodWish.java

以上使用的命令是 javac d:\javasource\GoodWish.java。

注意:

(1) Java 命令的参数是 Java 源文件名 (包括完整路径) 该例中是: d:\javasource\GoodWish.

java。

（2）编译的类默认存放在 Java 源文件的目录下，类文件名为：GoodWish.class。

第九步：运行程序，使用 Java 命令，如图 1-14 所示。

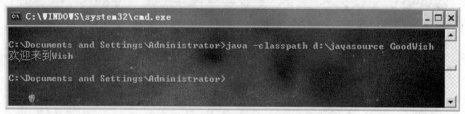

图 1-14　用 Java 命令运行程序

以上使用的命令是 java-classpath　d:\javasource　GoodWish。

（1）classpath 参数指定类文件的位置，该例中是：d:\javasource。

（2）GoodWish 是要执行的类文件，注意类文件名严格区分大小写。

至此，的一个小应用程序开发结束了。成功的输出了"欢迎来到 Wish"。

另外注意到，在本例中执行命令的当前目录是：

C:\Documents　and　Settings\Administrator>

如果把该目录切换到 Java 源文件的目录，即 d:\javasousce，那么在执行 Javac 和 Java 命令时就可以使用相对路径了。如图 1-15 所示。

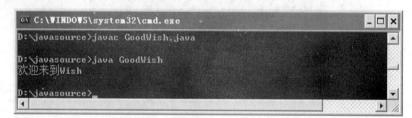

图 1-15　切换到 Java 源文件目录

1.1.3　一个简单 Java 实用程序

　　通过上面的练习，了解如何配置 Java 开发环境，以及开发 Java 应用程序的步骤，接下来结合以前所学的编程语言，来编写一个简单的 Java 实用程序。

编写一个 Java 应用程序，计算并输出 1 到 100 的和。

第一步：打开记事本应用程序（"开始"→"程序"→"附件"→"记事本"）也可以使用其他的纯文本编辑器，在文本编辑器输入如下的代码：

```
public   class   ClassicSum{
   publicc   static   void   main(String[]   args){
   }
}
```

以上定义了一个公有的 Java 类，类名为 ClassicSum。该类包含有 main() 函数。

第二步：在 main() 函数中编写代码计算 1 到 100 的和。

```
int   i;
int   sun=0;
for(i=1;i<=100;i++){
    sum+=i;
}
System.out.printf("1-100 的和为 :%d", sum);
```

以上代码看起来和 C 语言几乎没有什么两样，在理论课中就讲到，Java 的语法和 C 非常的相似，这里和 C 语言稍有不同的是输出函数，printf() 需要由 System 类的 out 对象来调用。另外，还需要注意的是 printf() 函数是在 JDK1.5 以后加入的新特性，如果你使用是 JDK1.4 或更早的版本。那么还得使用 println() 函数，调用如下：

```
System.out.println("1—100 的和为 : "+sum);
```

接下来看下完整的代码，如示例代码 1-1 所示：

```
示例代码 1-1    println 函数完整代码

public   class   classicSum
 }
        //Java 引用程序的主函数
        public   static   void   main(String []   args){
        // 局部变量声明
        int   i;
        int   sum=0;
        // 循环求和
        for(i=1;i<=100;i++){
            sum+=i;
        }
        // 输出计算结果
        System.out.printf("1—100 的和为:%d", sum);
        }
 }
```

第三步：将编写好的 Java 源文件保存到 d: \javasource 目录下，命名为 ClassicSum.java 注意：文件名必须和所定义的公有类的类名完全相同，并严格区分大小写。

第四步：在 DOS 命令行编译和运行 Java 程序，如图 1-16 所示。

图 1-16   DOS 命令行编译和运行 Java 程序

1.2   练习(50 分钟)

1. 仿照 1.1 指导及步骤开发一个 Java 应用程序,输出"I   am   testing   a   java   Application"。要求:新建一个 Java 类文件,该类包含 main 方法,在 main 方发中写入输出语句,在 DOS 命令行使用 javac 命令编译源文件,使用 Java 命令运行生成的 Java 类文件。

2. 声明两个 int 类型的变量并赋值(参照示例代码 1-1),编写代码实现这两个数的交换,输出交换后的结果。

1.3   作业

1. 简述 Java 语言的特点。

2.Java 应用程序和 C 应用程序执行过程一样吗?

3. 在 main() 方法中编写代码,并输出 1 到 100 中能被 3 整除的所有整数的和。

第 2 章　面向对象概念

本阶段目标

◇ 理解面向对象的概念。

◇ 掌握创建 Java 类的基本语法。

◇ 理解属性和方法，在程序中应用对象的属性和方法。

◇ 理解构造方法，在程序中使用构造方法创建对象。

本阶段给出的步骤全面详细，请学员按照给出的上机步骤独成上机练习，以达到要求的学习目标。请认真完成下列步骤。

2.1　指导（1 小时 10 分钟）

2.1.1　创建对象的应用

Java 应用程序是由对象组成的，一个对象是类的一个实例，例如：有一只猫，它的名字叫"咪咪"，那么我们可以称这只猫是猫类的一个实例。接下来的练习将指导如何创建 Java 类以及创建类的实例。

题目：在我们应用程序中出现一只猫，这只猫能够介绍自己的名字和年龄。

我们将按如下步骤完成该练习：

第一步：分析题目需求可知，我们需要定义一个猫类，该类是创建猫的实例的模板，我们给它取名为 Cat，该猫类具有一个方法：自我介绍。我们把这个方法命名为：selfintroduce。

第二步：根据以上分析，我们创建 Cat 类如下：

```java
class   Cat{
    /* 这个方法是进行自我介绍 */
    public   void   selfintroduce(){
      System.out.println("----------miao----------");
      System.out.println("My   name   is   MiMi");
```

```
    System.out.println("I    am    3    years    old");
        System.out.println("----------miao----------");
    }
}
```

　　第三步：创建一个包含 main() 方法的类，在 main() 方法中创建 Cat 类的一个实例，并调用该实例 selfintroduce 方法。

```
    public    class    CatTest{
        public    static    void    main(String[ ]    args){
            /* 创建 Cat 类一个实例 aCat,此处将调用默认构造方法 */
            Cat    aCat=new    Cat();
            /* 调用实例的自我介绍方法 */
            aCat.selfintroduce();
        }
    }
```

　　第四步：我们将上面编写的两个类放在一个 Java 源文件中，将源
　　文件命名为 CatTest.java，并将它保存到 D：\javasource 文件夹下，CatTest.java 文件的完整内容如下：

```
    class    Cat{
        /* 这个方法是进行自我介绍 */
        public    void    selfintroduce(){
        System.out.println("----------miao----------");
        System.out.println("My    name    is    MiMi");
        System.out.println("I    am    3    years    old")  ;
        System.out.println("----------miao----------");
        }
    }
    public    class CatTest{
        public    static    void    main(String[]args){
            /* 创建 Cat 类一个实例 aCat,此处将调用默认构造方法 */
            Cat    aCat=new    Cat();
            /* 调用实例的自我介绍方法 */
            aCat.selfintroduce();
        }
    }
```

　　第五步：编译并运行该程序，运行结果如图 2-1 所示。

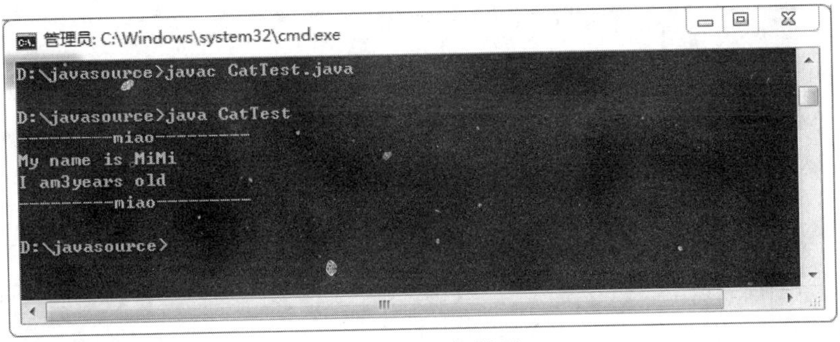

图 2-1　运行结果

2.1.2　在类中使用属性和方法

> 从上面的练习可以看出,不论我们创建多少个 Cat 类的对象,它们的 selfintroduce 方法的输出结果都是一样的,而对于每一个 Cat 类的对象,它们的名字和年龄都应该是不同的,我们可以通过在猫类中把名字和年龄定义为属性来区分不同的对象。

第一步:定义一个猫类命名为 Cat2,在类中添加两个属性:setName 和 setAge,分别用于给 name 和 age 赋值。

```java
class   Cat2{
    String   name;
    int   age;
    public   void   setName(String   name1){
        name=name1;
    }
    public   void   setAge(int   age1){
      age=age1;
    }
}
```

第二步:在类 Cat2 中定义自我介绍的方法:selfintroduce。

```java
public   void   selfintroduce(){
    System.out.println("-----------miao----------");
    System.out.println("My   name   is"+name);
    System.out.println("I   am"+   age   +"years   old");
    System.out.println("----------miao-----------");
}
```

第三步:创建一个包含 main() 方法的类,在 main() 方法中创建 Cat2 类的两个不同的实例,分别调用实例的属性方法给名字和年龄赋值,然后调用实例的 selfintroduce 方法。

```
public  class  CatTest2{
    public  static  void  main(String[] args){
        /* 创建 Cat2 类的第一个实例 firstCat*/
        Cat2  firstCat=new  Cat2();
        /* 调用属性访问方法给第一只猫设置名字和年龄 */
        firstCat.setName("MiMi");
        firstCat.setAge(3);
        /* 调用实例的自我介绍方法 */
        firstCat.selfintroduce();
        /* 创建 Cat2 类的第二个实例 secondCat*/
        Cat2  secondCat=new  Cat2();
        /* 调用属性访问方法给第一只猫设置名字和年龄 */
        secondCat.setName("Lily");
        secondCat.setAge(2);
        /* 调用实例的自我介绍方法 */
        secondCat.selfintroduce();
    }
}
```

第四步:将两个类放在一个 Java 源文件中,将源文件命名为 CatTest2.java,并将它保存到 D:\javasource 文件夹下,CatTest2.java 文件的完整内容如下:

```
class  Cat2{
    String  name;
    int  age;
    public  void  setName(String  name1){
        name=name1;
    }
    public  void  setAge(int  age1){
        age=age1;
    }
    public  void  selfintroduce(){
        System.out.println("---------miao---------");
        System.out.println("My  name  is"+name);
        System.out.println("I  am"+age+"years  old");
        System.out.println("---------miao---------");
    }
}
public     class   CatTest2{
```

```
public  static  void  main(String[ ]args){
    Cat2   firstCat=new Cat2();
    firstCat.setName("MiMi");
    firstCat.setAge(3);
    firstCat.selfintroduce();
    Cat2   secondCat=new   Cat2();
    secondCat.setName("Lily");
    secondCat.setAge(2);
    secondCat.selfintroduce();
    }
    }
```

第五步:编译和运行程序,运行结果如图 2-2 所示。

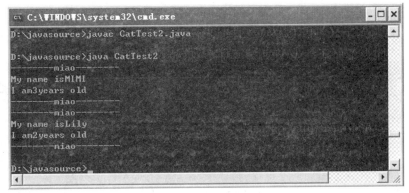

图 2-2　运行结果

2.1.3　在类中使用构造方法（函数）

　　在理论课部分,我们讲到,在实例化对象的时候需要一个构造方法,如果没有提供任何构造方法,编译程序会提供一个没有参数的默认构造方法,构造方法的主要作用是给属性赋值,在前面的练习中我们使用 setName 和 setAge 方法给猫的名字和年龄赋值,现在在我们通过构造方法来给猫的属性赋值。

　　第一步:定义一个猫类命名为 Cat3,猫类的属性,名字（name）和年龄（age）保持不变,自我介绍方法 selfintroduce 保持不变,在类中我们添加一个构造方法来给 name 和 age 赋值。

```
class   Cat3
    /* 这是类的属性 */
    String   name;
    int   age;
```

```
    /* 这是构造方法 */
    public   cat3(String   name1, int   age1){
        name =   name1;
        age   =age1;
    }
    /* 这个方法是进行自我介绍 */
    public   void   selfintroduce(){
        System.out.println("---------miao---------");
        System.out.println("My   name   is"+name);
        System.out.println("I   am"+age+"years   old");
        System.out.println("---------miao---------");
    }
}
```

第二步：创建一个包含 main() 方法的类，在 main() 方法中创建 Cat3 类的一个实例，并调用该实例的 selfintroduce 方法。

```
public   class   CatTest3{
    public   static   void   main(String[ ]   args){
        //* 创建 Cat 类的一个实例 aCat，此处调用构造方法 */
        Cat3   aCat=new   Cat3("MiMi", 3);
        /* 调用实例的自我介绍 */
        aCat.selfintroduce();
    }
}
```

第三步：我们将上面编写的两个类放在一个 Java 源文件中，将源文件命名为 CatTest3. java，并将它保存到 D:\javasource 文件夹下。CatTest3.java 文件的完整内容如图：

```
    class   Cat3{
    /* 这是类的属性 */
    String   name;
    int   age;
    /* 这是有参构造方法 */
    public   Cat3(String   name1, int   age1);{
```

```
            name=name1;
               age=age1;
        }
        /* 这个方法是进行自我介绍 */
        public  void  selfintroduce(){
            System.out.println("----------miao-----------");
            System.out.println( "My   name   is"+name);
            System.out.println("I   am"+age+"years   old");
            System.out.println("-----------miao----------");
        }
    }
    public   classCatTest3{
    public   static   void   main(String[]args){
        /* 创建 Cat3 类的一个实例 aCat,此处将调用构造方法 */
        Cat3   aCat=new   Cat3("MiMi", 3);
        /* 调用实例的自我介绍方法 */
        aCat.selfintroduce();
    }
    }
```

第四步:编译并运行该程序,运行结果如图 2-3 所示。

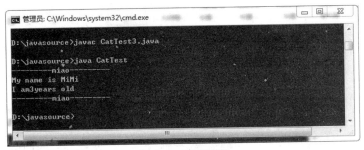

图 2-3　运行结果

2.1.4　构造方法(函数)的重载

在实例化一个猫类的对象的时候,我们可以通过构造方法来指定这只猫的名字,但是有时候我们可能希望在实例化对象时只指定猫的名字而不给出年龄,并且希望这只猫的年龄具有一个默认值:1 岁。此时,我们可以通过在类中定义两个构造方法来实现,即构造方法的重载。

第一步:定义一个猫类命名为 Cat4,在原来 Cat3 类的基础上添加一个构造方法,该方法只有一个参数,给猫的名字赋值。

```java
class   Cat4{
    /* 这是类的属性 */
    String   name;
int   age;
   /* 这是两个参数的构造方法 */
  public   Cat4(String   name1, int   age1){
    name=name1;
    age=age1;
  }
  /* 这是单个参数的构造方法 */
  public   Cat4(String   name1){
    name=name1;
    age=age1;
  }
  /* 这是方法是进行自我介绍 */
  public   void   selfintroduce(){
        System.out.println("----------miao-----------");
        System.out.println( "My   name   is"+name);
        System.out.println("I   am"+age+"years   old");
        System.out.println("-----------miao----------");
  }
}
```

第二步：创建一个包含 main 方法的类，在 main 方法中使用不同的构造方法创建 Cat4 类的两个实例，并调用实例的 selfintroduce 方法。

```java
public   class   CatTest4{
public   static   void   main(String[] args){
    /* 创建 Cat 类的第一个实例 firstcat, 此处将调用两个参数的构造方法,
    Cat4   firstCat=new   Cat4("MiMi", 3);
    /* 调用实例的自我介绍 */
    firstCat.selfintroduce();
    //* 创建 Cat 类的第二个实例 secondCat, 此处将调用单个参数的构造方法 */
    Cat4   secondCat=new   Cat4("Lily");
      /* 调用实例的自我介绍方法 */
    secondCat.selfintroduce( );
  }
}
```

　　第三步：将来上面编写的两个类放在一个 Java 源文件中，将源文件命名为 CatTest4.Java，并将它保存到 D:\javasource 文件夹下，CatTest4.java 文件的完整内容如下：

```java
class   Cat4{
      String   name;
int   age;
    /* 这是两个参数的构造方法 */
    public   Cat4(String   name1,int   age1);
      name=name1;
       age=age1;
    }
    /* 这是单个参数的构造方法 */
    public   Cat4(   String   name1){
      name=name1;
      age=1;
    }
 · public   void   selfintroduce(){
          System.out.println("----------miao-----------");
          System.out.println( "My   name   is"+name);
          System.out.println("I   am"+age+"years   old");
          System.out.println("-----------miao----------");
      }
 }
 public   class   CatTest4{
 public   static   void   main(String[]   args){
      /* 创建 Cat 类的第一个实例 firstCat,此处将调用两个参数的构造方法 */
      Cat4   firstCat=new Cat4("MiMi", 3);
      firstCat.selfintroduce();
      /* 创建 Cat 类的第二个实例 secondCat,此处将调用一个参数的构造方法 */
      Cat4 secondCat=new Cat4("Lily");
      secondCat.selfintroduce();
```

　　第四步：编译并运行该程序，运行结果如图 2-4 所示。

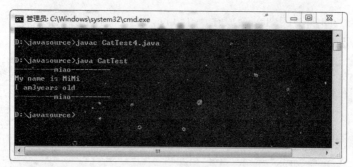

图 2-4　　运行结果

2.1.5　使用命令行参数

> 在 Java 应用程序的主函数 main() 中有一个字符串数组类型的参数,该参数用于从命令行接受用户输入的字符串。接下来的练习将指导如何使用命令行参数

创建一个 Java 类,该类接受用户在命令行输入的名字和性别,根据用户的信息给出相应的问候信息。

第一步:用记事本创建一个带有 main() 方法的类,给这个类取名为 Greeting。

第二步:在 main() 函数中填写代码。

```java
public  class  Greeting{
    public  static  void  main(String[]  args){
        String  str=args[0];
        if(args[1].equals(" 男 "))
            Str+=" 先生 ";
        else  if(args[1].equals(" 女 "))
            Str+=" 女士 ";
        Str+=" 您好! ";
        System.out.println(str);
    }
}
```

第三步:将文件保存在 d:\javasource 目录下,文件取名为 Greeting.java。

第四步:在 DOS 命令符下用 javac 命令编译源文件,运行结果如图 2-5 所示。

图 2-5　　运行结果

第五步：用 Java 命令执行类文件，在输入 Java 命令的同时给出命令行参数，如图 2-6 所示。

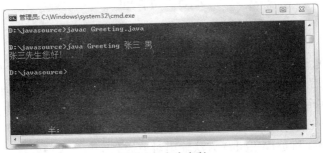

图 2-6　命令参数

2.2　练习(50 分钟)

1. 设计一个坐标点 Point 包含两个属性：x 和 y，三个成员方法：setX(int　a)、setY(int b)、showPoint()，在创建 Point 类的对象后通过调用 setX 和 setY 方法给对象的 x，y 属性赋值，调用 showPoint 方法显示 x 和 y 的值。

提示：

1）创建 Point 类并声明其属性。

2）创建两个 public 方法 setX(int a) 和 setY(int b)，这两个方法分别给属性 x 和 y 赋值。

3）创建一个 public 方法 showPoint() 显示 x 和 y 的值。

4）创建一个 PointTest 类包含 main() 方法，（也可以不创建 PointTest 类，直接将 main() 方法置于 Point 类）。

5）在 main() 方法中使用默认构造方式创建一个 Point 类的对象。

6）调用对象的 showPoint 方法显示 x 和 y 的值。

7）调用对象的 setX 和 setY 方法分别给 x 和 y 赋值。

8）再次调用对象的 showPoint 方法显示 x 和 y 的值。

2. 设计一个坐标点 Point2，包含两个属性：x 和 y，一个带两个参数的构造方法 Point2(int a, int b)，一个成员方法 showPoint()。在创建对象时初始化 x 和 y 的值，并调用 showPoint 方法显示 x 和 y 的值。

提示：

1）创建 Point2 类并声明其属性。

2）创建一个 public 的构造方法 Point2(int　a, int　b)，这个构造方法给属性 x 和 y 赋值。

3）创建一个 public 成员方法 showPoint() 显示 x 和 y 的值。

4）在 main() 方法通过自定义的构造方法创建一个 Point2 类的对象，即在创建对象的同时初始化 x 和 y 的值。

5）调用对象的 showPoint 方法显示 x 和 y 的值。

2.3 作业

1. 设计一个 Dog 类,包含属性 name(名字)和 weight(体重),一个带两个参数构造方法,在这个构造方法中给 name 和 weigth 赋值,三个成员方法 getName()、getWeigth() 和 eat() 方法,getName 和 getWeight 方法返回属性 name 和 weight 的值。在 eat 方法中递增 weidht 的值。在 main 方法中实例化 Dog 类的对象并初始化属性的值。多次调用对象的 eat 方法,然后通过调用对象的 getName() 和 getWeigth() 方法输出对象的名字和体重值。

2. 设计一个四则运算类 Calculator,该类包含两个代表运算操作数的属性 a 和 b,一个带两个参数的构造方法用于给 a 和 b 赋值。六个成员方法:setA(int   n)setB(int   n) 用于给 a 和 b 赋值。plus()、minus()、multiply()、divide( ) 用于对 a 和 b 进行加减乘除运算,并返回计算结果。在 main 方法中通过调用两个参数的构造方法创建 Calculator 类的对象并初始化 a 和 b 的值。分别调用四则运算的方法并输出计算结果。通过调用 setA 和 setB 方法重新给属性 a 和 b 赋值,再次调用四则运算的方法并输出计算结果。

第 3 章 数据类型

本阶段目标

◇ 使用 Eclipse 工具进行 Java 编程。
◇ 掌握 Java 语言的基本数据类型和理解 Java 引用类型。
◇ 掌握 Java 语言中数据类型的转换。
◇ 掌握数组的概念和应用。

本阶段给出的步骤全面详细,请学员按照给出的上机步骤独立完成上机练习,以达到要求的学习目标。请认真完成下列步骤。

3.1 指导(1 小时 10 分钟)

3.1.1 简单应用 Eclipse 工具实现一个完整的 Java 应用

> 从本章教材知道 eclipse 工具是一个开放源代码,基于 Java 的可扩展性开发平台,深入掌握开发平台是非常重要的,如果能够熟练掌握该开发平台,就能提高 Java 程序开发效率等。现在,应该用该平台开发一个可运行的 Java 应用。

使用 Eclipse 开发工具开发的一个简单的应用程序,为以后进一步学习 Java 面向对象编程和使用 Eclipse 工具打下良好的基础,该应用程序输出"Hello Word",将按如下步骤开发该应用程序。

第一步:在桌面用鼠标左键点击 Eclipse 快捷方式图标,进入启动 Eclipse 工具状态,如图 3-1 所示。

图 3-1　启动 Eclipse 工具

第二步：选择工作空间（通俗地讲就是选择工作目录或路径），默认的工作路径：C：\Documents　and　Settings\Administrator\workspace。然后点击"确定"按钮，进入 Eclipse 工作区，如图 3-2 所示。

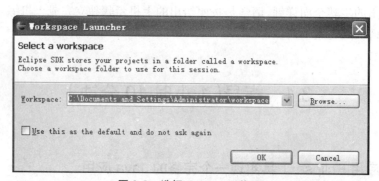

图 3-2　选择 Eclipse 工作区

第三步：进入 Eclipse 工作区，如图 3-3 所示。

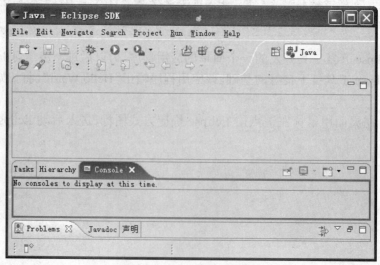

图 3-3　Eclipse 工作区

　　第四步：点击工具栏中"File"下拉菜单，选择"New"→"Project"……进入"New　Project"界面，选择"Java　Project"。如图 3-4 所示。

图 3-4　"New　Project"界面

　　第五步：从图 3-4"New Project"的界面中按"Next"命令按钮，进入"New　JavaProject"界面，在界面的 Projectname 的右边文本框输入工程名字"MyHelloWord"，其他选项使用默认值即可，最后按"Finish"命令按钮即可建设工程，如图 3-5 所示。

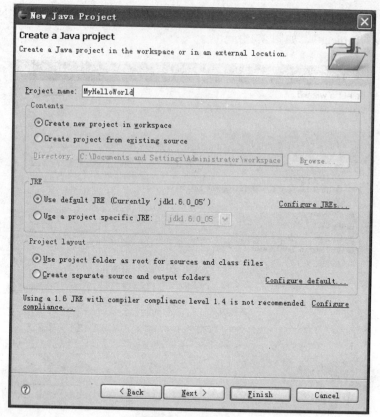

图 3-5　建设工程

第六步:查看创建的工程,从下图可以看到"MyHelloWord"工程,如图 3-6 所示。

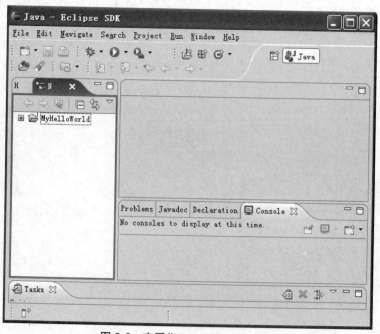

图 3-6　查看"MyHelloWord"工程

第七步：创建类。在图 3-6 中，选"MyHelloWord"工程，在图像工具栏中找到 C+ 的图标，把鼠标放在图标上会显示"New Java Class"。用鼠标点击 C+ 图标，进入"New Java Class 界面"。在"Name："项右边的文本框填入创建的类的名"MyHelloWord"，在"Which method stabs would you like to create?"中选择"public static void main(String[]args)"，其他选项实用默认值即可。如图 3-7 所示。

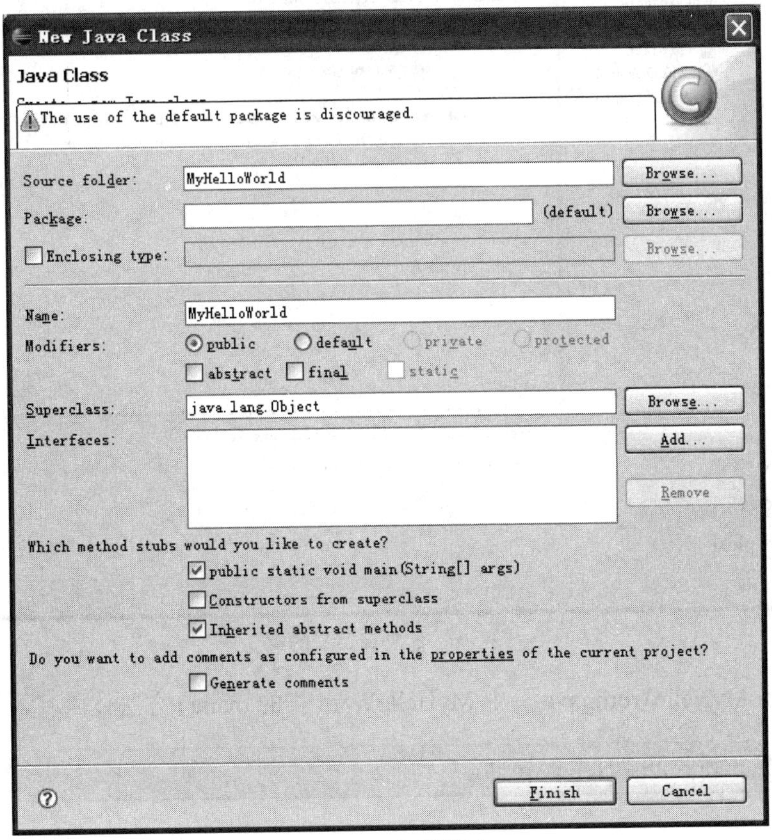

图 3-7 选项配置

第八步：在图 3-7 中按"Finish"按钮，建立自定义的类，如图 3-8 所示。

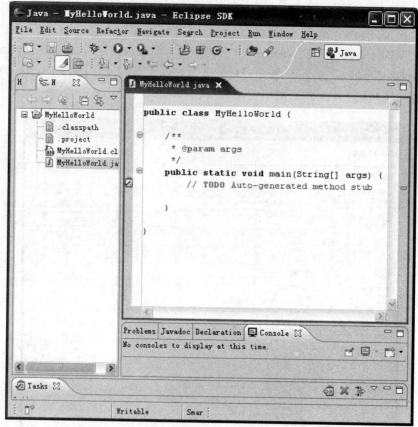

图 3-8　建立自定义的类

第九步：在 MyHelloWord.java 页中 MyHelloWord 类的 main() 方法体内写入如下代码：

```
System.out.println("HelloWord");
```

如图 3-9 所示。

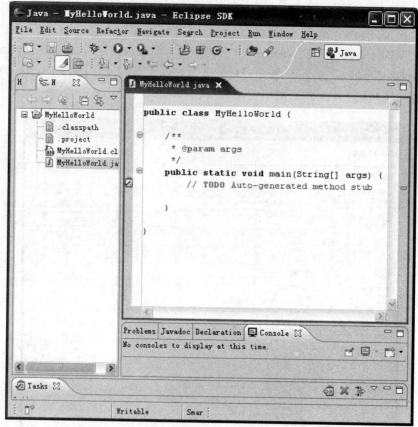

图 3-9　main() 方法体中的代码

第十步：鼠标右键点击图像工具栏的 (P225) → "Run　As" → "Java　Application"。如图 3-10 所示。

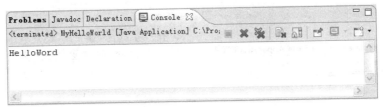

图 3-10　显示 Console

在图 3-10 中，可以看到的程序运行是成功的，输出了"HelloWord"，至此 Eclipse 环境下开发出了一个简单完整的 Java 应用程序。

3.1.2　基础数据类型与操作符

Java 中的基本数据类型，操作符和 C 语言的类似，需要注意的是算术运算符的操作数必须是数字类型。算术运算符不能用在布尔类型上，但可以用在 char 类型上，因为 char 类型是 int 类型的一个子集

创建一个 Java 应用程序，该程序将一个字符变量的值减 1 后输出。

按如下步骤完成该练习：

提示：练习仍然使用 Eclipse 工具来完成，这里不再重复其使用方法，只用 Eclipse 工具执行开发的程序。

第一步：创建含有 main() 方法的类，给这个类取名为 TypeOp，如下所示：

```
public   class   TypeOp{
public   static   void   main(String[ ]   args){
    // 填写方法内容
}
  }
```

第二步：在 main() 函数中填写代码：

```
public   class   TypeOp{
   public   static   void   main(String[]args){
       char   c=' 下 ';
       System.out.println( 原字符是:"+   C);
       c--;
       System.out.println(" 减 1 后的字符是:"+c);
   }
  }
```

第三步：运行第二步的程序，运行结果如图 3-11 所示。

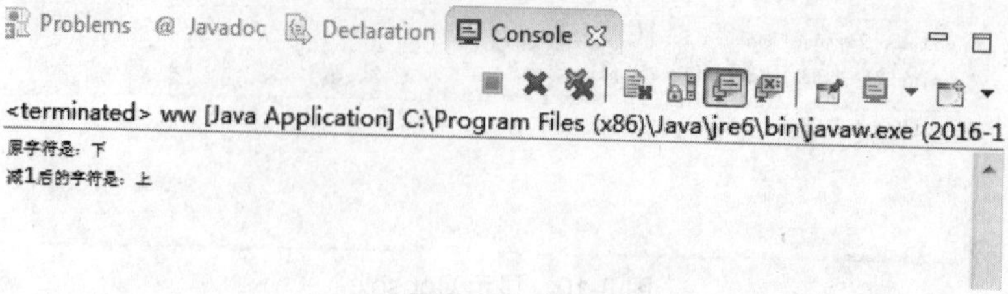

图 3-11 运行结果

说明：和 C 语言不同，在 Java 语言中，字符采用 Unicode 编码，即一个字符占两个字节（16位），所以中文字符和英文字符在 Java 无语言中都是相同对待的，都是一个字符，占两个字节。

3.1.3 数据类型转换

在理论课部分，了解了 Java 中的一个引用数据类型 String，该类型用于处理字符串，接下来的练习将指导使用 String 类型和基础数据类型的封装类（如 Integer, Double 等）实现字符串和数字之间的类型转换。

编写一个 Java 程序，将两个字符串分别转换成 int 类型和 double 类型，并计算它们的和。
提示：本练习仍然使用 Eclipse 工具来完成。
第一步：创建一个带有 main() 方法的类，给该类取名为 NumberTransfer。
第二步：在 main() 函数中编写代码：

```java
public class NumberTransfer{
    public static void main(String[]args){
        String str1="123";
        String str2="123.45";
        /* 封装类 Integer 的 parseInt 函数将一个 string 转换成 int*/
        int inum=Integer.parseInt(str1);
        /* 封装类 Double 的 parseDouble 函数将一个 String 转换成 double*/
        double dnum=Double.parseDouble(str2);
        double sum=inum+dnim;
        System.out.println(" 第一个字符串:"+str1);
        System.out.println(" 第二个字符串:"+str2);
        System.out.println(" 相加后的结果:"+sum);
    }
}
```

第三步：运行该程序，结果如图 3-12 所示。

图 3-12 运行结果

3.1.4 引用类型数组的应用

> 本章内容中有很大一部分是所有语言所共有的操作,如:大部分操作符, Java 基本数据类型、基本类型数组等,讲这些内容的目的主要是为了课程的完整性,其他任何一种计算机语言都具有一部分内容是相同的,学习 Java 的目的是为了深入学习面向对象编程,故接下来将指导练习面向对象的内容—引用类型数组。

创建一个引用数组存放多个 String 对象的引用,并通过引用类型的数组操作引用所指向的对象连接两个字符串。然后运行程序输出连接的字符串。

按如下步骤完成该练习。

提示:练习仍然使用 Eclipse 工具来完成。

第一步:分析题目"然后运行程序输出连接的字符串"那么将要完成的程序应该是一个可执行的程序,选择编写含有 main() 方法的类,这个类取名为 MyArray,如下代码所示:

```
public   class   MyArray{
    public   static   void   main(String [ ]   args){
        // 填写方法内容
    }
}
```

第二步:进一步分析该题目"创建一个引用数组存放多个 String 对象的引用",从该语句中知道必须定义一个引用数组用于存放 String 对象,当然也就需要创建多个 String 对象,在第一步的基础上修改,如下代码所示:

```
public  class  MyArray{
    // 声明 String 对象和 String 数组
    private  String[]  names;
    private  String  str;
    // 定义构造方法，初始化 String 对象
    public  MyArray( ){}
        names=new  String[3];
        names[0]=new  String(" 在蜀国，刘备当然是老大！");
        names[1]=new  String(" 关羽也肯定是老二！");
        names[2]=new  String(" 很明显张飞是老三！");
    }// 构造方法，主要用于初始化类实例
    public  static  void  main(String[]  args){
        // 填写方法内容
    }
}
```

第三步：填写方法内容。

```
public  class  MyArray{
    // 声明 String 对象和 String 数组
    private  String[]  names;
    private  String  str;
    // 定义构造方法，初始化 String 对象
    public  MyArray( ){
        names=new  String[3];
        names[0]=new  String(" 在蜀国，刘备当然是老大！");
        names[1]=new  String(" 关羽也肯定是老二！");
        names[2]=new  String(" 很明显张飞是老三！");
    }// 构造方法，主要用于初始化类实例
    public  static  void  main(String[]  args){
MyArraymyArray =new  MyArray ();
    for (int i = 0; i <names.length; i++) {
    System.out.println(names[i]);
    }
    }
}
```

第四步：运行第三步程序，输出结果如图 3-13 所示。

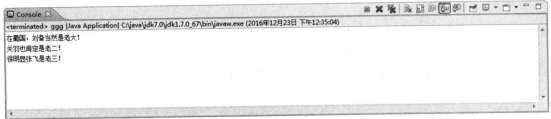

图 3-13　运行结果

3.2　练习（50 分钟）

1. 分别定义 8 种基本数据类型的变量并给这些变量赋初值，使用输出语句输出这些变量的值。

2. 分别创建 8 种基本数据类型包装类的对象并在构造方法中初始化对象的值，使用输出语句输出这些对象的值。

3. 创建一个包含 3 个元素的 int 型数组并初始化数组元素的值，再创建一个包含 3 个元素的 Integer 类型的数组并初始化数组元素的值。分析基本数据类型的数组与对象类型的数组的区别。

3.3　作业

1. 请编写一个简单的 Java 程序，该程序将一个字符串"88.01"转换为浮点型数。

2. 创建一个 Double 类型的对象和一个 Float 类型的对象，计算这两个对象中浮点数相加后的值存放到另一个 Float 类型的对象中，把结果输出。

3. 设计一个圆形类 Circle，包含属性 radious（半径），在构造方法或 setRadious(int　r) 方法中给半径赋值，在 Circle 类中编写计算圆面积方法 double　area() 和计算圆周长的方法 double　circumference()。在 main 方法中创建 Circle 类对象，调用方法并输出该对象的面积和周长。

第4章 Java 程序流程控制

本阶段目标

◇ 熟悉流程控制的概念。

◇ 深入掌握和应用 Java 程序的流程控制,如:分支语句(if...else、switch)、循环语句(while、do...while、for)、流程跳转语句(break、continue、return)等。

◇ 熟练掌握在循环中操作数组。

本阶段给出的步骤全面详细,请学员按照给出的上机步骤独立完成上机练习,以达到要求的学习目标,请认真完成下列步骤。

4.1 指导(1 小时 10 分钟)

4.1.1 分支语句的应用 (if...else)

> 本小节指导主要完成 Java 程序分支流程控制示例。

编写一个 Java 应用程序,该程序包含一个完成数据处理的方法 dataDeal(),该方法中使用常用的分支处理语句 if...else 完成如下功能:

假设在所编写的类中有一个属性成员 sal 代表某位员工的工资,允许从构造方法和属性访问方法的参数输入工资值,在 dataDeal() 方法中用 if...else 分支语句对 sal(工资)作如下处理:

工资 sal>=10000 则输出"不给予生活补助"

工资 sal>=3000 则输出"给予 500 元生活补助"

工资 sal>=2000 则输出"给予 600 元生活补助"

工资 sal<=2000 则输出"给予 800 元生活补助"

使用 Eclipse 编程环境,完成该指导。

为了能够很好的理解的课程,对该题目按步骤作如下分析:

第一步:分析题目"编写一个 Java 应用程序",那么将要完成的程序应该是一个可执行的程序,选择编写含有 main() 方法的类,给这个类取名为 SalJust,如下代码所示:

```
public   class SalJust{
public   static  void  main  (String[]   args){
    // 填写方法内容
  }
  }
```

第二步：进一步分析该题目的"在所编写的类中有一个属性成员 sal 代表某位员工的工资，允许从属性访问方法的参数输入工资值"从该语句中知道需要声明一个属性成员 sal，并且需要一个带参数的构造方法给 sal 赋值，还有一个设置属性值的方法 setSal(ints) 也可以给 sal 赋值，在第一步的基础上作进一步定义如下代码所示：

```
// 属性，代表要处理的某为员工的工资
private   int   sal;
// 构造方法，给 sal 赋值
.public   salJust(ints){
sal=s;
}
// 设置属性的方法，给 sal 赋值
public   void   setSal(ints){
sal=s;
}
```

第三步：继续理解题目，在 dataDeal() 使用中 if...else 分支语句对 sal（工资）作如下处理：

工资 sal>=10000 则输出"不给予生活补助"

工资 sal>=3000 则输出"给予 500 元生活补助"

工资 sal>=2000 则输出"给予 600 元生活补助"

工资 sal<=2000 则输出"给予 800 元生活补助"

完成输出：按工资级别的不同给出相应的补助提示信息，如下代码所示：

```
// 方法名称为：dataDeal，按工资级别的不同给出相应的补助提示信息
public   void   dataDeal(){
if(sal>=10000){
    System.out.println(" 不给予生活补助 ");
}else   if(sal>=3000){
    System.out.println(" 给予 500 元生活补助 ");
}else   if   (sal>=2000) {
    System.out.println(" 给予 600 元生补助 ");
```

```
    }else  {
        System.out.println("给予 800 元生活补助");
    }
    }
```

第四步：将前面的代码组合成一个完整的处理工资补助提示信息的可执行程序，如下代码所示：

```java
public  class  SalJust{
// 属性,代表要处理的某位员工的工资
private  int  sal;
// 构造方法,给 sal 赋值
public  SalJust(int s){
    sal=s;
}
// 设置属性的方法,给 sal 赋值
public  void  setSal(int s){
    sal=s;
}// 处理方法：dataDeal,按工资级别的不同给出相应的补助提示信息
public  void  dataDeal(){
    if(sal>=10000){
        System.out.println(" 不给予生活补助 ");
    }else  if  (sal>=3000) {
        System.out.println(" 给予 500 元生活补助 ");
    }else  if  ( sal>=2000) {
        System.out.println(" 给予 600 元生活补助 ");
    }else{
        System.out.println(" 给予 800 员生活补助 ");
    }
}
public  static  void  main  (String[]  args){
    SalJust  sj=new  SalJust(2000);
    sj.dataDeal();
    sj.setSal(120000)  ;
     sj.dataDeal();
    }
    }
```

在 main() 方法中首先创建了 SalJust 类的对象 sj，并且在构造方法中传入整型值 2000 作

为某员工的工资赋值给属性成员 sal，然后调用 dataDeal 方法，接着调用 setSal 方法给 sal 重新赋值为 12000，然后再次调用 dataDeal 方法。

第五步：通过使用 Eclipse 工具运行第四步的程序，运行结果如图 4-1 所示。

图 4-1　运行结果

在程序中 sal 赋值为 2000，应该执行 System.out.println(" 给予 600 元生活补助 ")，再给 sal 赋值为 12000，应该执行 System.out.println(" 不给予生活补助 ")，与程序运行结果一致。

4.1.2　循环语句的应用 (while)

有一个整形数组，数组中存放了一组数据，如：12, 13, 1, 60, 90, 122, -20, 100, 80, 30; 请用 Java 编写一方法程序找出其中最大的整数。

要求：使用 while 循环完成该应用，并能执行之并且生成结果。

使用 Eclipse 编程环境完成指导。

为了能够很好的理解课程，对该题目按步骤作如下分析：

第一步：分析题目"要求：使用 while 循环完成应用，并能执行可生成结果"，那么将要完成的程序应该是一个可执行的程序，选择编写含有 main() 方法的类，给这个类取名为 ArzayMax，如下代码所示：

```
public  class  ArrayMax{
    public  static  void  main(String[]  args){
    // 填写方法内容

    }
}
```

第二步：进一步分析该题目的"请用 Java 编写一方法程序找出其中最大的整数"。从该要求中知道必须定义一个 getMaxData() 方法，在该方法中需要遍历一个整型数组找出其中的最大值并将其返回。对于数组的传递有两种方式，一种和指导 4.1.1 中工资处理程序类似，可以在 ArrayMax 类中声明一个数组类型的属性成员，然后在构造方法中进行传递，如下代码所示：

```
int[] array;
public  ArrayMax(int[]arr){arry=arr;}
```

另一种，直接将数组作为 getMaxData() 方法的参数来传递，选择后一种，如下代码所示：

```
// 方法名称为：getMaxData(int[]array) 方法的参数是：int[ ]array 整型数组
public   int   getMaxData(int[ ]array){
// 该处可以填写内容
    }
```

第三步：进一步分析题目，看到需要使用 while 循环找出给定的数据的数组的最大整数，并将其作为返回值，如下代码所示：

```
// 方法名称为：getMaxData()，方法的参数是：int[ ]array，整型数组
public   int   getMaxData(int[ ]array){
int   max=0, i=1;            // 初始化部分
while(i<array.length){// 循环条件，i 为循环控制变量
    // 以下是循环体
    if(array[max]<array[i])
        max=i;
    i++;
    }
    return   array[max];
  }
```

第四步：在 main() 的方法中实例化一个整型数组并给数组赋值，然后实例化 ArrayMax 类的对象并调用 getMaxData 方法，获取最大整数输出，完整的代码如下所示：

```
public   class   ArrayMax{
// 方法名称为：getMaxData() 方法的参数是：int[]array，整型数组
public   int   getMaxData(int[ ]   array){
    int   max=0,i=1;         // 初始化部分
    while   (i<array.length){      // 循环条件，i 为循环控制变量
        // 以下是循环体
        if(array[max]<array[i])
            max=i;
        i++;
    }
    return   array[max];
    }
    public   static   void   main(String[]   args){
ArrayMax   am=new   ArrayMax() ;
int []array={12,13,1,60,90,122,-20,100,80,30};
```

```
int    max=am.getMaxData(array);
System.out.println(" 数组中的最大值是: "+max);
    }
}
```

第五步:通过使用 Eclipse 工具运行第四步的程序,运行结果如图 4-2 所示。

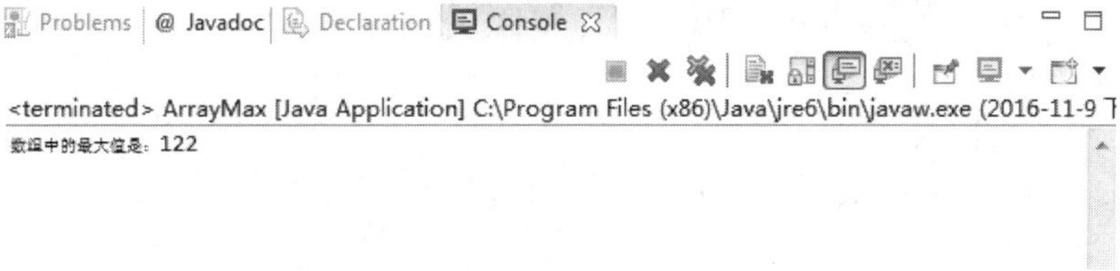

图 4-2　运行结果

从运行结果来看,正好是例子中给出的最大值。

4.1.3　循环语句的应用 (for)

根据指定的起始值和结束值在控制台输出乘法表,例如指定起始值为 3,结束值为 7,则输出如下:

3*3=9

3*4=12　4*4=16

3*5=15　4*5=20　5*5=25

3*6=18　4*6=24　5*6=30　6*6=36

3*7=21　4*7=28　5*7=35　6*7=42　7*7=49

要求:使用嵌套 for 循环来完成。

使用 Eclipse 编程环境完成该指导。对该题目按如下步骤完成:

第一步:创建一个包含 main() 方法的类,命名为 MathTable。

```
public    class    MathTable{
public    static    void    main(String[]    args){
// 填写方法内容
    }
}
```

第二步:在 MathTable 类声明两个 int 型实例变量,分别为起始值和结束值。使用构造方法和 set×××方法给实例变量赋值。

```
public   class   MathTable{
private   int   begin;
private   int   end;
public   MathTable(int   b,int   e){
    begin=b;
    end=e;
public   void   setBegin(int   b){
    begin=b;
}
public   void   setEnd(int   e){
    end=e;
}
public   static   void   main(String[]   args){
    // 填写方法内容
}
}
```

第三步：在 main() 方法中测试 MathTable 类，完整的程序代码如下：

```
public class MathTable {
  private int begin;
  private int end;
  public MathTable(int b, int e){
  begin=b;
  end=e;
  }
  public void setBegin(int b){
  begin=b;
  }
  public void setEnd(int e){
  end=e;
  }
  public void printTable(){
  for(int i=begin;i<=end;i++){
  for(int j=begin;j<=i;j++){
```

```
        System.out.print(j+"*"+i+"="+i*j+"\t");
        }
      System.out.println();
        }
        }
  public static void main(String[] args){
      MathTable mt=new MathTable(3,8);
      mt.printTable();
      mt.setBegin(5);
      mt.setEnd(8);
        }
    }
```

第四步：通过使用 Eclipse 工具运行第四步的程序，运行结果如 4-3 所示。

图 4-3　运行结果

4.2　练习(50 分钟)

1. 将 4.1.1 指导部分的程序改用 switch 结构来实现

2. 定义一个 Shape 类，在 Shape 类中编写一个方法 draw( )，该方法能够在控制台输出如下图形。

*****

****

***

**

*

在 main() 的方法中创建 Shape 类的对象，并调用 draw() 方法。

修改 draw( ) 方法，在该方法中传递一个 int[] array 作为属性。在 MyArray 的构造方法中初始化数组并给元素赋值。编写一个方法 int　findMax()，从数组 array 中查找最大值并作为返回值返回。在 main() 方法中创建 MyArray 的对象，并调用 findMax 方法找出数组中的最大值并输出。

4.3 作业

1. 在 main() 方法中编写代码，输出如下 fibonacci 数列：

$1, 2, 3, 4, 5, 8, 13, 21, 34, 55$

2. 在 main() 方法中编写代码，定义三个相同长度的整型数组，求出两个数组元素的和并保存到第三个数组中。

3. 参照本章练习部分第 3 题，在 MyArray 类中编写一个方法 sort()，该方法对数组属性 array 进行排序。再编写一个方法 print()，该方法将数组元素依次输出。在 main() 中调用这些方法。

第5章 重载与结构方法

本阶段目标

◇ 理解重载的概念。
◇ 掌握方法的重载及其调用。
◇ 掌握构造方法的重载及其调用。
◇ 理解和简单应用 this 和 static 关键字。

本阶段给出的步骤全面详细,请学员按照给出的上机步骤独立完成上机练习,以达到要求的学习目标。请认真完成下列步骤。

5.1 指导(1 小时)

5.1.1 方法重载的应用

> 将在本指导中完成重载的示例。

题目:编写一个 Java 类,该类可以不同的方式获得指定的时间值,通过一个 display() 方法可将时间值输出。

使用 Eclipse 编程环境完成该指导。

为了能够很好的理解的课程,对该题目按步骤作如下分析:

第一步:由题目可知编写的类用于保存一个时间值,可以把它命名为 Time,时间包含小时、分钟、秒,可以把它们作为 Time 类的属性。Time 类的框架如下代码所示:

```
class    Time{
private   int   hours;
private   int   minutes;
private   int   seconds;

}
```

第二步：分析题目"该类可以以不同方式获得指定的时间值"，可以想象一下现实生活中报时间的场景，可能会说"现在 3 点整"或者"现在 3 点 10 分"，亦或者"现在 3 点 10 分 15 秒"，等等。当说 3 点整的时候，通常意思是"3 点 0 分 0 秒"；当说"现在 3 点 10 分"时，通常意思是"3 点 10 分 0 秒"，可见做同一件事可以有不同的方式，那么 Time 类中也可以以不同的方式来给时、分、秒赋值，但使用相同的方法名 setTime，这就是方法的重载，这里给出三个重载的 set Time 方法，示例如下代码所示：

```
/* 如果时、分、秒都给出，则调用此方法 */
public  void  setTime(int  h, int  m, int  s){
    hours=h;
minutus=m;
    seconds=s;
}
/* 如果只给出时、分，则调用此方法 */
public  void  setTime(int  h, int  m){
    setTime(h, m, 0);
}
/* 如果给出小时数，则调用此方法 */
public  void  setTime(int  h){
    setTime(h, 0);
}
```

第三步：分析题目"通过一个 display() 方法可将时间值输出"，编写 dispay() 方法如下所示：

```
public  void  display(){
System.out.println(hours+": "+  minutes+": "+  seconds);
}
```

第四步：看一下 Time 类的完整代码：

```
class Time{
    private int hours;
    private int minutes;
    private int seconds;
/* 如果时、分、秒都给出，则调用此方法 */
    public void setTime(int h, int m, int s){
    hours=h;
    minutes=m;
    seconds=s;
    }
```

```
/* 如果只给出时、分,则要用此方法 */
    public void setTime(int h,int m){
    setTime(h,m,0);
    }
    /* 如果只给出小时数,则要用此方法 */
public void setTime(int h){
    setTime(h,0);
    }
    public void display(){
    System.out.println(hours+":"+minutes+":"+seconds);
    }
}
```

第五步:编写一个包含 main() 方法的类 TimesTest,用于测试 Time 类,代码如下:

```
public class TimeTest {
    public static void main(String[] args){
    Time t=new Time();
    t.setTime(3, 10, 15);
    t.display();
    t.setTime(3, 10);
    t.display();
    t.setTime(3);
    t.display();
    }
}
```

第六步:通过使用 Eclipse 工具运行第五步的程序,运行结果如 5-1 所示。

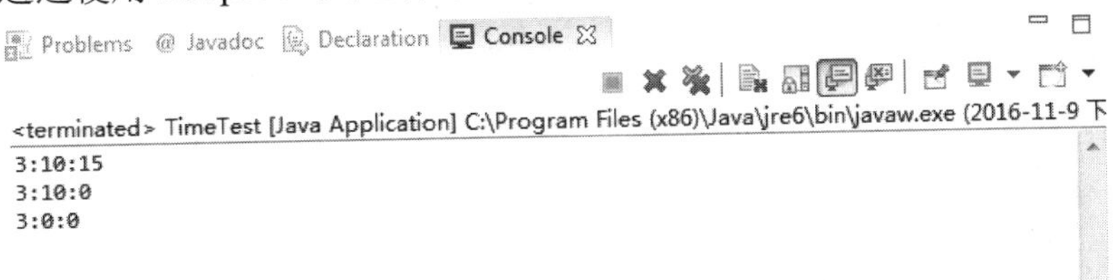

```
Problems  @ Javadoc  Declaration  Console
<terminated> TimeTest [Java Application] C:\Program Files (x86)\Java\jre6\bin\javaw.exe (2016-11-9 下
3:10:15
3:10:0
3:0:0
```

图 5-1　运行结果

5.1.2　构造方法的重载

将在本指导中练习重载构造方法。

题目:修改 5.1.1 指导部分的 Time 类,将设置时,分,秒的重载方法改用重载构造方法,另外在 Time 类增加一个对时间值进行验证的方法,该方法可以将传入的非法时间值转换成合法的时间值,例如转入时间值为 3 时 65 分 15 秒将其转换为 4 时 5 分 15 秒。

按如下步骤来完成:

第一步:创建 Time 类的框架,包含时、分、秒属性成员,为了简单起见,把测试 Time 类的 main() 方法直接放在 time 类中,这样就不用另外再创建一个包含 main() 方法的测试类了。Time 类如下所示:

```java
public class Time{
    private int hours;
    private int minutes;
    private int seconds;
    public static void main(String[]args){
        // 填写方法内容
    }
}
```

第二步:编写对时间进行验证的方法,如下所示:

```java
public void validate(){
    minutes+=seconds/60;
    seconds=seconds%60;
    hours+=minutes/60;
    minutes=minutes%60;
    hours=hours%24;
}
```

第三步:在编写重载构造方法,用于给时、分、秒赋值,并调用验证方法 validate() 以确保获得的时间是正确的时间值。给出三个重载构造方法如下所示:

```java
/* 如果时、分、都给出,则调用此构造方法 */
public Time(int h,int m,int s){
    hours= h;
    minutes=m;
    seconds=s;
    validate();
}
```

```
/* 如果只给出时、分,则调用此构造方法 */
public  Time(int   h,int   m){
    hours=h;
    minutes=m;
    seconds=0;
    validate();
}
/* 如果只给出小时数,则调用此构造方法 */
public  Time(int   h){
    hours=h;
    minutes=0;
    seconds=0;
    validate();
}
public  void  validate(){
    minutes+=seconds/60;
    seconds=seconds%60;
    hours+=minutes/60;
    minutes=minutes%60;
    hours=hours%24;
}
public  void  display(){
    System.out.println(hours+":"+  minutes+ ":"seconds);
}
public  staic  void  main(String[]  args){
    Time   t=  new   Time(3,10,65);
    t.display();
  t=new   Time(26);
  t.display();
}
}
```

第四步:通过使用 Eclipse 工具运行第三步的程序,运行结果如 5-2 所示。

图 5-2　运行结果

5.1.3 this 关键字的使用

> this 是一个引用，该引用指向程序对象本身。将在本指导中练习使用 this 关键字。

当方法中的局部变量与类的实例变量重名时，局部变量总是覆盖实例变量，如果需要引用实例变量，可以使用 this 关键字，以 Time 类的构造方法为例，方法中的参数变量与实例变量同名，现在要把参数变量的值赋给同名的实例变量，可以用 this 来引用实例变量，如下代码所示：

```java
public  class  Time{
private  int  hours;
private  int  minutes;
private  int  seconds;
public  Time(int  hours, int  minutes, int  seconds){
    this.hours=hours;
    this.minutes=minutes;
    this.seconds=seconds;
    validate();
}
……
}
```

类的实例方法不能调用构造方法，但在一个构造中可以调用重载的另一个构造方法。在调用重载时不能直接通过方法名来调用。必须使用 this 关键字，例如：

```java
public  class  Time{
……
// 第一个构造方法
public  Time(int  hours, int  minutes, int  seconds){
    this.hours=hours;
    this.minutes=minutes;
    this.seconds=seconds;
    validate();
}
// 第二个构造方法
public  Time(int  hours, int  minutes)}
  // 调用第一个构造方法
  this(hours, minutes, 0);
  }
  ……
}
```

修改 5.1.2 指导部分的 Time 类,在其中加入 this 关键字的应用,修改后 Time 类的完整在代码如下:

```
public class Time{
    private int hours;
    private int minutes;
    private int seconds;
    // 第一个构造方法
    public Time(int hours,int minutes,int seconds){
        this.hours=hours;
        this.minutes=minutes;
        this.seconds=seconds;
        validate();
    // 第二个构造方法
    public Time(int hours,int minutes){
        // 此处调用第一个构造方法
        this(hours,minuter,0);
    }
    /* 第三个构造方法
    public Time(int hours){
        // 此出调用第二个构造方法
        this (hours,0);
    }
    public void validate(){
        minutes+ =seconds/60;
        seconds=seconds%60;
        hours+=minutes60;
        mintues=mintues%6;
        hours=hours%24;
    }
    public void display(){
        System.out.println(hours+":"+minutes+":"+seconds);
    }
    public static void main(String[]args){
        Time t=new Time(3,10,65);
        t.display()
        t=new Time(3,65);
        t.display();
```

```
                    t=new    Time(26);
                    t.=display;

              }

         }
```

5.1 指导部分的 Time 类,在其中加入 this 关键字的应用,使用 Eclipse 工具运行程序,运行结果如 5-3 所示。

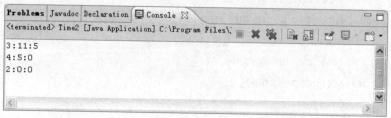

图 5-3　运行结果

5.1.4　static 关键字的使用

static 变量在某种程度上与其他语言(如 C 语言)中全局变量相似。Java 不支持类外的全部变量,static 变量提供了这一功能,static 所修饰的变量或方法表明归类所有,被类的所有实例所共享。本指导练习通过一个具体的例子说明静态变量的用法。

题目:假设有一群选民进行投票,并且当投票总数达到 100 时就停止投票。

对该题目作如下分析:

第一步:分析题目可以知道程序中有一实体为选民,可以定义一个类 Voter,代表选民。选民类应该包含选民的姓名,在构造方法中给姓名赋值,如下代码所示:

```
class    Voter{
......
private   String   name;
  public   Voter(String   name){this.name=name;}
......

}
```

所有选民都会改变同一个数据,即投票次数,因此把它定义为静态类型。

```
    private   static   int   count;
```

最大投票数 100 是一个不变的量,并且适用于所有选民,因此可以定义为静态常量(常量的定义是使用 final 关键字,这在本书以后的章节将会介绍)。

```
    private   static   final   int   MAX_COUNT=100;
```

为了简单起见,把 main() 方法放在 Voter 类中,可以得到 Voter 类的框架如下:

```
publice   class   Voter{
    private   static   final   int   MAX_COUNT=100;// 最大投票数
    private   static   int   coent=0;   // 投票数,初始值为 0
    private   String   name;           // 选民姓名
    public   Voter(String   name){
        this.name=name;
    }
    public   static   void   main(String[]   args){
        // 在此填写方法内容
    }
}
```

第二步:编写选民投票的方法,在该方法中判断总投票数是否已经满 100,如果已到 100 则提示投票已结束,如果没有到 100 允许投票,递增静态变量 count 的值并输出选民的信息,投票方法 vote() 如下所示:

```
public   void   vote(){
    if(count= =MAX_COENT){
        System.out.println(" 投票活动已结束 ");
    return;
    }
    count++;
    System.out.println(name+ "+: 感谢您的投票! ");
    }
```

第三步:编写打印投票结果的方法,在该方法中只输出当前投票总数的信息,因为该方法只访问静态变量 count,所以可以把该方法声明为静态方法,通过类名就可以调用该方法,打印投票结果方法 printVoteResult() 如下所示:

```
public   static   void   printVoteResult(){
    System.out.println(" 当前投票数为 :"+count);
}
```

第四步:在 main() 方法中,先创建 3 个选民,然后让他们依次投票,最后输出投票结果。

```java
public  static  void  main(String[]args){
  Voter  mike=new  Voter("Mike");
  Voter  jane=new  Voter("Jane");
  Voter  ben=new  Voter("Ben");
  mike.vote();
  jane.vote();
  ben.vote();
  Voter.printVoteResult();
  }
```

第五步：看一下 Voter 类的完整代码：

```java
public  class  Voter{
      private  static  final  int  MAX_COENT=100;
  private  static  int  count=0;
  private  String  name;
  public  Voter(String  name){
    this.name=name;
  }
  public  void  vote(){
      if(count = =MAX_COENT){
          System.out.println(" 投票活动已结束 ");
          return;
      }
      count++
      System.out.println(name+": 感谢您的投票 ");
  }
  public  static  void  printVrteResult(){
      System.out.println(" 当前投票数为："+count);
  }
  public  static  void  printVoteResult(){
      System.out.println(" 当前投票为："+count);
  }
  public  static  void  main(String[]args){
      Voter  mike=new  Voter("Mike");
```

```
            Voter    jane=new    Voter("Jane");
            Voter    ben=new    Voter("Ben");
            Mike.vote();
            Jane.vote();
            Ben.vobe();
            Voter.printVoteResult()
        }
    }
```

第六步：通过使用 Eclipse 工具运行第五步的程序，运行结果如图 5-4 所示。

```
Console ☒
<terminated> ggg [Java Application] C:\java\jdk7.0\jdk1.7.0_67\bin\java.v.exe (2016年12月23日 下午12:37:34)
Mike感谢您的投票！
Jane感谢您的投票！
Ben感谢您的投票！
当前票数为: 3
```

图 5-4　运行结果

5.2　练习(1 小时)

1. 参照第 4 章练习部分第 2 题，创建一个 Shape 类，在该类中重载 4 个 draw() 方法，void draw()、void draw(char c)、void draw(int n) 和 void draw(char c,int n) 当调用 draw(char c, int n) 时用指定的字符和指定的行数输出图形，例如：shape.draw('@',4); 则输出结果 1 图形。

当调用 draw(int n) 方法时则使用默认的"*"和指定的行数输出图形，例如：shape.draw(3); 则输出如结果 2 图形。

当调用 draw(char c) 方法时则用指定的字符和默认的行数 5 行输出图形，例如，shape.draw('%'); 则输出如结果 3 图形。

当调用 draw() 方法时用默认"*"和默认的行数 5 行输出图形，例如：shape.draw(); 则输出如结果 4 图形。

@	*	%	*
@@	**	%%	**
@@@	***	%%%	***
@@@@	****	%%%%	****
@@@@@	*****	%%%%%	*****
结果 1	结果 2	结果 3	结果 4

2. 创建一个坐标点类 Point，包含属性 x 和 y，在该类中重载 3 个构造方法：Point()、

Point(int   x)、Point(int x,int   y)。

      当用默认构造方法时,例如:Point   p=new   Point(); 则给 x 和 y 都赋值为 0。

      当用默认构造方法时,例如:Point   p=new   Point(3); 则给 x 和 y 都赋值为 3。

      当调用两个参数的构造方法时,例如:Point   P=new   Point(2,4); 则给 x 赋值为 2,给 y 赋值为 4。

      注意在构造方法中使用 this 关键字,另外再编写一个 print() 方法用于输出 x 和 y 的值。

      在 main() 方法中分别调用以上三个构造方法创建 Point 类的对象,然后调用对象的 print() 方法输出 x 和 y 的值。

5.3   作业

      1. 创建一个 Cat 类,包含 name 和 age 属性,编写三个重载构造方法:

      Cat()、Cat(String   name)、Cat(String   name,int   age) 编写两个重载成员方法:eat() 和 eat(string   food)。没有参数 eat() 方法默认吃鱼,有参数的 eat() 方法吃指定的食物。在 main() 方法中调用这些方法。

      2. 设计一个赛车类 RaceCar,包含属性:赛车编号 carNo 和车手名字 driverName。另外在赛车类中声明一个静态变量 count 用于记录赛车的总数,初始化为 0。在 RaceCar 的构造方法中除了给属性赋值外还应递增 count 的值。编写一个静态方法 static   int   getCount() 用于获取 count 的值。在 main() 方法中创建若干个 RaceCar 对象,保存在一个 RaceCar 类型的数组中,依次输出各赛车的信息并输出赛车总数的信息。

第 6 章　Java 预定义类和包

本阶段目标

◇ 掌握使用 Java 类库预定义类的常用方法进行 Java 编程，包括 String、Random、Math 等。

◇ 理解包的概念，掌握使用包来组织自定义类。

本阶段给出的步骤全面详细，请学员按照给出的上机步骤独立完成上机练习，以达到要求的学习目标。认真完成下列步骤。

6.1　指导（1 小时 10 分钟）

6.1.1　预定义的应用 (Random)

> 本指导练习使用 Java 类库中的预定义类 Random。

题目：使用 Random 类生成实例，并用实例产生 10 个 [0-99] 的随机整数存放在一个整型数组中，然后将 10 个整数输出到屏幕。

第一步：创建一个带 main() 方法的类，把它命名为 RandomInt，在该程序中将使用到 Random 类，需要导入 java.util 包，使用语句：import　java.util.*; 根据题目要求，需要一个整型数组来存放 10 个随机数，可以把它声明为 RandomInt 类的实例变量，然后在构造方法中对该数组进行实例化。RandmInt 类的框架如下代码所示：

```java
import  java.util.*;
public  class  RandomInt{
private  int[]  nums;
public  RandomInt();{
    nums=new  int[10];
}
```

```
public   static   void   main(String[]   args){
    // 在此填写方法内容
  }
}
```

第二步:编写生成随机数的方法,把它命名为 generate,在该方法中先生成一个 Random 类的实例,然后使用 for 循环生成 10 个随机整数,依次存放到整型数组中,生成随机整数的方法是 Random 类的 nextlnt(int) 方法,该方法中的 int 参数是指产生的随机数的下限值,例如:nextlnt(100) 将生产 0~99 之间的随机数。generate() 方法如下所示:

```
publnc   void   print(){
for(int   i=0;i<nums.length;i++){
    System.out.print(nums[i]+"   ");
}
}
import   java.util.*;
public   class   Randomlnt{
private   int[]   nums;
public   Randomlnt(){
    nums=new   int[10];
}
public   void   generate(){
    Random   rand=new   Random();
    for(int   i=0;i<nums.length;i++){
      nums[i]=rand.nextlnt(100);
    }
  }
public   void   print(){
    for(int   i=0;i<nums.length;i++){
      System.out.println(nums[i]+" ");
    }
  }
    public   static   void   main(String[]args){
        Randomlnt   ri=new   Randomlnt();
        ri.generate();
        ri.print();
    }
  }
```

第三步:使用 Eclipse 工具运行第二步的程序,运行结果如图 6-1 所示。

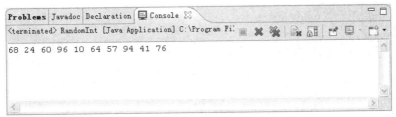

图 6-1　运行结果

6.1.2　预定义类的应用 (String)

> 本练习使用 Java 类库中的 String 类。

题目：编写一个用户类 User，在 User 类中包含一个属性 userName，表明用户名，在 User 类中编写一个方法：boolean　checkEmail(String　email)；该方法有一个表示 email 的字符串作为参数，在该方法中检查 email 中的用户名部分（即 @ 符号前的内容）是否和 userName 相同，如果相同返回 true，否则返回 false，在 main() 方法先创建 User 类的实例，然后从键盘接收一个 email 字符串，调用 checkEmail 方法检查用户名是否匹配。

第一步：创建包含 main() 方法的 User 类，包含属性 userName 和构造方法。该程序涉及从键盘接收内容，使用 JOptinPane 类的 showInputDialog 方法来接收字符串。所以导入 javax. swing.* 包。User 类的框架如下所示：

```
import   javax.swing.*;
public   class   User{
    private   String   userName;
public   User(string   userName){
    this .userName=userName;
}
public   static   void   main(String[]   args){
    // 填写方法内容
}
}
```

第二步：编写 checkEmail 方法在该方法中使用到 String 类的几个常用方法，如下代码所示：

```
public   boolean   checkEmail(String   email){
int   ind  =email.indexOf('@');   // 查找 "@" 的位置
if(ind= =-1){       // 如果没有找到 "@" 符号，直接返回 false
    return   false;
}
```

```
    String   userPart=email.substring(0，ind);// 取出"@"符号前的字符串
    if(userName.equals(userPart)){   // 使用 equals 无方法判断两个字符串的内容是否
相等
        return   true;
        }
    else{
    return   false;
    }
    }
```

第三步：编写 main() 方法，User 类的完整代码如下：

```
    import javax.swing.*;
    public class User {
        private String userName;
        public User(String userName){
        this.userName=userName;
        }
        public boolean checkEmail(String email){
        int ind=email.indexOf('@');
        if(ind==-1){
        return true;
                }
        String userPart=email.substring(0,ind);
        if(userName.equals(userPart))
        return true;
        else
        return false;
        }
        public static void main(String[]    args){
        User user=new User("steven");
        String email=JOptionPane.showInputDialog(" 请输入您的 email");
        if(user.checkEmail(email)){
        System.out.println(" 用户名匹配 ");
        }
        else
        System.out.println(" 用户名错误 ");
        }
    }
```

第四步：使用 eclipse 工具运行第三步的程序，运行过程如图 6-2 和图 6-3 所示。

（1）弹出输入对话框

图 6-2　运行过程对话框 1

（2）输入 email 为地址，点击"确定"按钮

图 6-3　运行过程对话框 2

（3）输出用户是否匹配的信息，运行结果如图 6-4 所示。

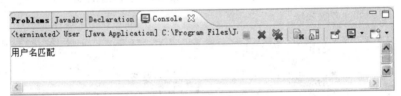

图 6-4　运行结果

6.1.3　包的使用 (package)

本指导练习在 Java 程序中自定义包。

题目：一个公司有多个部门，每个部门有一个经理。编写一个 Java 程序输出某部门的信息，包括部门名称，经理姓名，经理的年龄等。

要求：编写一个经理类 Manager，包含姓名、年龄等属性，将 Manager 类存放在 com.wish. emp 包下，编写一个部门类 Department，包含部门名称，经理等属性，将 Department 类存放在 com.wish.dept 包下。

第一步：创建一个类为 Manager，并指定包为 com.wish.emp，如下所示：

```
package   com.wish.dept   // 声明包,该语句必须在 Java 源文件的第一行
import   com.wish.emp.Manager;// 导入 Manager 类,也可以写成 import   com.wish.
emp.*;
public  class   Department{
  private   String   name;
  private   Manager   manager;
  public   Department(String   name,Manager   manager){
    this.name=name;
    this.manager=manager;
  }
public   void   showlnfo(){          // 显示部门信息的方法
    System.out.println(" 部门名称:"+   name);
    System.out.println(" 经理姓名:"+manager.getName());
    System.out.println(" 经理年龄:"+manager.getAge());
  }
  }
```

第二步:创建一个包含 main() 方法的类 Company,用于测试以上两个类。为 Company 类指定 com.wish。如下所示:

```
package   com.wish        // 声明包,该语句必须在 Java 源文件的第一行
import   com.wish.emp.Manager;   // 导入 Manager 类
import   com.wish.dept.Department;   // 导入 Departement 类
public   class   Company{
  public   static   void   main(String[]args){
    Manager   man=new   Manager(" 关羽 ",33)
    Department   dept=new   Department(" 保安部 ",man)
    dept.showlnfo()
  }
}
```

第三步:在 Eclipse 环境下运行带有 main() 方法的类 Comparny,运行结果如图 6-5 所示。

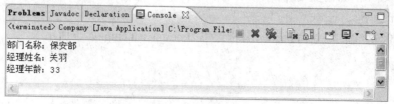

图 6-5 运行结果

6.1.4 类方法与类常量的应用

在本指导中练习使用 Java 类常量和类方法,在声明类的时候使用 static 修饰的类方法,这种方法既可以通过类实例(对象)来调用,也可以通过类直接调用这些方法。

题目:将一个数字字符串转化成数字类型的数值,然后利用该数值作为半径,计算圆周长(圆周长 =PI*2*r),然后输出圆周长至屏幕。

第一步:创建一个带 main() 方法的类,把它命名为 CirPI。

```
public class CirPI{
  public static void main (String[] args){
     // 填写方法内容
  }
}
```

第二步:在 CirPI 类中,定义一个方法 calculate() 来实现题目要求的功能,由于该方法不访问任何实例变量,把该方法声明为 static。

```
public static void calculate(){
     // 填写方法内容
}
```

第三步:在 calculate() 方法中,使用输入对话框从用户接收一个数字形式的字符串。该字符串表示圆的半径,然后使用 java.lang 包中的 Double 类完成类型转换。因为需要计算圆的周长,使用 java.lang 包括的 Math 类的常量 PI(圆周率)再利用圆周长公式进行计算。如下代码所示:

```
String text=JOptionPane.showlnputDialog(" 请输入圆的半径 ");
double r=Double.parseDouble(text);
double c=2*Math.PI*r;
System.out.println(" 圆的周长是: "+c);
```

第四步:在 main() 方法中调用 calculate() 方法,整个源程序如下代码所示:

```
import    javax.swing.JoptionPane;// 导入该类用于显示输入对话框
public    class    CirPI{
    public    static    void    calculate(){
        String    text=JOptionPane.showInputDialog(" 请输入圆的半径 ");
        double    r=Double.parseDouble(text);
        double    c=2*Math.PI*r;
        System.out.printn(" 圆的周长是："+c);
    }
    public    static    void    main    (string[]args){
        calculate();// 因为 main 方法是静态的，所以可以直接调用其他静态方法
    }
}
```

第五步：用 Eclipse 工具运行第四步的程序。

（1）在弹出的输入对话框输入 10.5，然后按"确定"按钮，如图 6-6 所示。

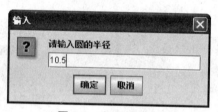

图 6-6　程序对话框

（2）运行结果如图 6-7 所示。

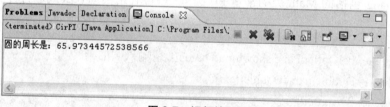

图 6-7　运行结果

6.2　练习（50 分钟）

1.下面这段代码的运行结果是什么？

```
String    song=new    String("Monday");
song=song.toLowerCase();
char    letter=song.charAt(0);
System.out.println(song+letter+song.length);
```

2. 有一个字符串"wish　education　welcome　you"编写程序计算字母"e"在该句子中出现的次数。提示:使用循环配合 String 类的 charAt(int) 方法。

3. 编写一个使用随机数来创建句子的程序,使用 3 个字符串数组,如下所示:

```
String[]    article={"the","a","one"};
String[]    noun={"boy","dog","bird"};
String[]    verb={"Jumped","ran","flew"};
```

使用随机数分别从 3 个数组中抽取 3 个单词连成句子如:"the　boy　ran"。

6.3　作业

1. 练习使用 StringBuffer 类。有一个字符串数组包含 4 个字符串:"wish","education","welcome","you"。

1)使用 StringBuffer 将这 4 个字符串连接成句:"wish"　"education""welcome　you"。

2)将句子中的"education"删除。

3)将每个单词的首字母改为大写字母。

4)将该句子输出,修改后的句子应为:"Wish　Welcome　You"。

2. 编写一个程序练习包(package)的使用。

第 7 章 继承

本阶段目标

✧ 应用继承的基本语法实现简单的继承。

✧ 掌握在继承关系的构造方法的设计与调用，熟练使用 super 关键字。

✧ 掌握 Java 语言中的 4 种访问控制级别（public，protected，默认，private）。

本阶段给出的步骤全面详细，请学员按照给出的上机步骤独立完成上机练习，以达到要求的学习目标。请认真完成下列步骤。

7.1 指导(1 小时 10 分钟)

7.1.1 类的继承

> 继承是面向对象的一个重要特性。本指导通过一个简单的例子来说明继承的基本概念。

题目：有一个雇员类，包括姓名和工资等属性。有一个经理类继承雇员类，经理与雇员不同，雇员拿工资，经理除了拿工资外每月还要拿活动补贴。在 main() 方法中产生雇员类和经理类的对象，分别显示他们每月拿到的总工资额。

第一步：定义基类 Employee，包含姓名和工资属性，因为 Employee 类是作为一个基类，它的属性能在其派生类中可见，所以把姓名和工资属性声明为保护的（protected），如下代码所示：

```
public class Employee {
    protected String name;// 姓名
    protected double salary;// 工资
    public String getName() {
    return name;
    }
```

```
    public void setName(String name) {
        this.name = name;
    }
    public double getSalary() {
    return salary;
    }
    public void setSalary(double salary) {
    this.salary = salary;
    }
}
```

第二步：定义一个 Manager 类继承 Employee，继承使用关键字 extends。Manager 类中新增了月活动补贴，如下代码所示：

```
    public class Manager extends Employee {

    protected  double  monthSalary;    // 派生类新增的属性：每月活动补贴
            public  void  setMonthSalary(double  monthsalary){// 派生类新增的方法
                this.monthSalary=monthSalary;
        }
            public  double  getMonthSalary(){          // 派生新增的方法
                return  monthSalary;
        }
    }
```

第三步：定义一个带 main() 方法的类 EmpTest，在 main() 方法中测试 Employee 和 Manager 类，实现题目要求功能。如下代码所示：

```
public class EmpTest {
  public  static  void  main (String  []args){
          Employee  emp=new  Employee();// 创建基类的对象（雇员）
          emp.setName(" 张飞 ");
          emp.setSalary(3500);
          Manager  man=new  Manager();    // 创建派生类的对象（经理）
          man.setName(" 刘备 ");            // 调用从基类继承的方法
          man.setSalary(4000);             // 同上
          man.setMonthSalary(1500);        // 调用派生类新增的方法
          System.out.println(" 雇员工资信息如下: ");
          System.out.println(emp.getName()+":"+emp.getSalary());
// 显示雇员的工资信息
          double   manSal=man.getSalary()+man.getMonthSalary();
// 计算经理的总工资额
          System.out.println(man.getName()+":"+manSal); // 显示经理的工资信息
      }
    }
```

第四步：在 Eclipse 环境下运行第三步的程序，运行结果如图 7-1 所示。

图 7-1 运行结果

7.1.2　继承中的构造方法

　　派生类对象的实例化过程开始于一系列的构造方法调用，派生类构造方法在执行自己的任务之前，将显式（通过 super 引用）或隐式（调用基类默认构造方法）地调用其直接基类的构造方法，本指导演示了继承中如何编写和调用构造方法。

　　题目：使用指导部分 7.1.1 中的题目，基类和派生类中加入构造方法来实现。
　　第一步：在 Employee 为类中加入构造方法，用于给姓名和工资属性赋值，Employee 为类如下所示：

```
package chapter7T;
public class Employee{
    protected String name;// 姓名
    protected double salary;// 工资
    public Employee(String name,double salary){        // 基类的构造方法
        this.name=name;
        this.salary=salary;
    }
    public void setName(String name){
        this.name=name;
    }
    public String getName(){
        return name;
    }
    public void setSalary(double salary){
        this.salary=salary;
    }
    public double getSalary(){
        return salary;
    }
}
```

第二步：在 Manager 类中加入构造方法，用于给姓名，工资和月活动补贴属性赋值。Manager 类如下代码所示：

```
package chapter7T;
public class Manager extends Employee {
protected double monthSalary; // 派生类新增的属性：每月活动补贴
public Manager(String name, double salary, double monthSalary) {
// 派生类构造方法
    super(name, salary); // 显示调用基类的构造方法,初始化基类属性
    this.monthSalary = monthSalary;// 初始化派生类新增的属性
    }
    public void setMonthSalary(double monthSalary) {// 派生类新增的方法
    this.monthSalary = monthSalary;
    }
    public double getMonthSalary() { // 派生类新增的方法
    return monthSalary;
    }
}
```

第三步：修改 EmpTest 类，通过调用带参数的构造方法创建 Employee 和 Manager 为类的对象，然后输出工资信息，如下代码所示：

```
public class EmpTest {
    public static void main(String[] args) {
            Employee emp = new Employee(" 张飞 ", 3500.0);
// 创建基类的对象（雇员）
            Manager man = new Manager(" 张飞 ", 4000, 1500);
            System.out.println(" 雇员工资信息如下：");
            System.out.println(emp.getName() + ":" + emp.getSalary());
// 显示雇员的工资信息
            double manSal = man.getSalary() + man.getMonthSalary();
// 计算经理的总工资额
            System.out.println(man.getName() + ":" + manSal);
// 显示经理的工资信息
    }
}
```

第四步：在 Eclipse 环境下运行第三步的程序，运行结果如图 7-2 所示。

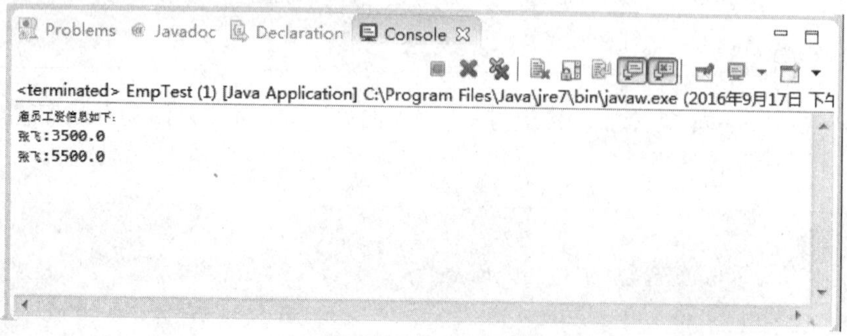

图 7-2 运行结果

7.1.3 继承中与构造方法相关的问题

在继承中对构造方法的调用需要遵循一定的规则，下面给出两个容易出现错误的地方提醒大家注意。

创建一个类文件，命名为 ConstructorTest.java，在该源文件中编写如下代码：

```
class Base {
    private int x;
    public Base(int x) {
    this.x = x;
    }
    public int getX() {
    return x;
    }
}
class Sub extends Base {
    private int y;
    public Sub(int x, int y) {
    this.y = y;
    super(x);
// 编译错误,对基类构造方法的调用必须在派生类构造方法的第一句
    }
    public int getY() {
    return y;
    }
}
public class ConstructorTest {
    public static void main(String[] args) {
    Sub sub = new Sub(2, 3);
    System.out.println("x=" + sub.getX() + ",y=" + sub.getY());
    }
}
```

上面的代码将出现编译错误。将语句 super(x); 放到 Sub 类构造方法的第一句,即语句 this.y=y; 之前,此时将通过编译。运行结果如图 7-3 所示。

图 7-3　运行结果

情况二:派生类的构造方法中如果没有使用 super 显式调用基类的构造方法,将隐式地调用基类的默认构造方法。修改 ConstructorTest.java 文件中的内容,将派生类 Sub 的构造方法中对基类构造方法调用的语句去掉,修改后的源文件的内容如下代码所示:

```java
class Base {
    private int x;
    public Base(int x) {
    this.x = x;
    }
    public int getX() {
    return x;
    }
}
class Sub extends Base {
    private int y;
    public Sub(int y) { // 该为单参数构造方法
    this.y = y; // 编译错误:没有找到基类的构造方法
    }
    public int getY() {
    return y;
    }
}
public class CanstructorTest2 {
public    static    void    main(String[]    args){
    Sub    sub=new    Sub(3);   // 调用派生类的单参数构造方法
    System.out.println("x="+sub.getX()+",y="+sub.getY());
}
}
```

上面的代码将出现编译错误,分析一下原因:首先看一下基类 Base,知道,如果一个类没有显式提供任何构造方法,编译器提供一个默认构造方法,默认构造方法是一个不带参数的构造方法,现在在 Base 类中提供了一个带参数的构造方法,系统将不再提供默认构造方法,再来看一下派生类,在派生类的构造方法中没有显式调用基类的构造方法,编译器将会隐式调用基类的默认构造方法,然而在基类中没有默认的构造方法可调用。

要解决上面的问题,只需在基类中添加一个无参数的构造方法,即显式地提供默认构造方法,修改后的源文件的内容如下所示:

```
class Base {
    private int x;
    public Base() {
    }
    public Base(int x) {
    this.x = x;
    }
    public int getX() {
    return x;
    }
}
class Sub extends Base {
    private int y;
    public Sub(int y) { // 该为单参数构造方法
    this.y = y; // 编译错误：没有找到基类的构造方法
    }
    public int getY() {
    return y;
    }
}
public class CanstructorTest2 {
public static void main(String[]    args){
    Sub sub=new Sub(3);    // 调用派生类的单参数构造方法
    System.out.println("x="+sub.getX()+",y="+sub.getY());
    }
}
```

上面的程序将通过编译，运行该程序的结果如图 7-4 所示。

图 7-4 运行结果

7.1.4 Java 访问修饰符的应用

> 访问修饰符是 Java 面向对象语言的重要组成部分，Java 中的访问修饰符包括四个级别：public、protected、默认和 private; 访问修饰符直接影响类的封装、继承、类实例化等,本指导正是基于此样的考虑,指导怎么使用 Java 修饰符。

题目：ClassA 和 ClassB 位于同一个包中，ClassC 和 ClassD 位于另一个包中,并且 ClassC 是 ClassA 的子类。ClassA 是 public 类型,在 ClassA 中定义了 4 个成员变量：pub、pro、def 和 pri,它们分别处于 4 个访问级别,如图 7-5 所示。

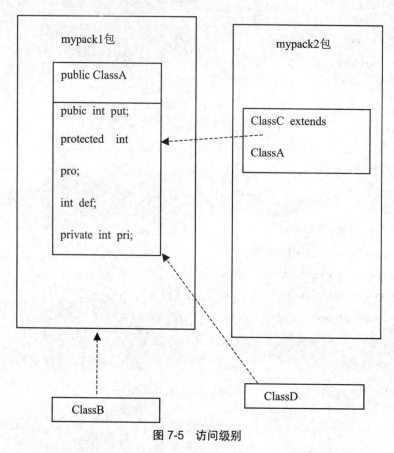

图 7-5 访问级别

根据以上描述自定义 ClassA,并定义其他三个类对 ClassA 属性的访问。

第一步：需要实现 ClassA,在 ClassA 中,可以访问自身的 pub、pro、def 和 pri。

```
package  mypock1;
public  class  ClassA{
public  int  pub;
protected  int  pro;
int  def;
private  int  pri;
  public  void  method(){
    pub=1;
    pro=2;
    def=3;
    pri=4;
  }
}
```

在以上示例中,在 ClassA 的 method 方法中实现了分别处于 4 个访问级别的属性的操作,以上操作是合法的。

第二步:简单实现一个自定义的 ClassB,由于 ClassB 与 ClassA 同处于一个包中,通过所学的知识已经知道,public、protected、默认修饰的属性可以被同一个包中的其他类通过生成对方类的实例来访问对象类定义的属性(通过实例),因此可以定义类 ClassB 如下:

```
package  mypack1;
public  class  ClassB{
    public  void  method(){
        ClassA  a=new  ClassA();
        a.pub=1;
        a.pro=2;
        a.def=3;
        a.pri=1;        // 编译出错,pri 为 ClassA 的 private 类型,不能被访问
    }
}
```

从以上示例分析,pri 为 ClassA 的 private 类型属性,不能被访问,只要删除"a.pri=1",语句,程序即为正确。

第三步:定义一个简单的 ClassC 类,实现对 ClassA 的属性访问,因为 ClassC 是 ClassA 的子类,又在不同的包中,按照访问控制修饰符的定义,ClassC 只能访问 pub 和 pro 属性,同时必须使用 import 语句导入类 ClassA。

```
package   mypack2;
import   my pack1.ClassA;
public   class   ClassC   extends   ClassA{
public   void   menthod(){
    pub=1;
    pro=2;
    def=3;      // 编译出错, def 为基类 ClassA 的默认类型, 不能被访问
    pri=4;      // 编译出错, pri 基类 ClassA 的 private 类型, 不能被访问
  }
}
```

从以上示例分析, def、pri 分别为 ClassA 的默认、private 类型属性, 不能被访问, 只要删除 def= 3; 和 pri=4; 语句, 程序即为正确。

第四步: 自定义类 ClassD, 只能访问 ClassA 的 pub 属性, 因为, ClassD 与 ClassA 既不在同一个包中, 也无相互继承关系。同时还须使用 import 语句导入类 ClassA。

```
package   mypack2;
import   mypack1, ClassA;
public   class   ClassD;{
public   void   method(){
    ClassA   a=new   ClassA();
a.pub=1;
b.pro=2;   // 编译出错, pro 为 ClassA 的 protected 类型, 不能被访问
a.def=3;   // 编译出错, def 为 ClassA 无的默认类型, 不能被访问
a.pri=1;   // 编译出错, pri 为 ClassA 的 private 炉型, 不能被访问
  }
}
```

第五步: 讨论一下 ClassB 与 ClassC 与 ClassD 之间是否有访问的可能性。因为 ClassB 是默认访问级别, 位于 mypack1 包中, 只能被同一个包中的 ClassA 无访问, 不能被别的包中的类进行访问, 所以 ClassC 和 ClassD 与 ClassB 之间不能进行相互访问。

第六步: 在同一个包中 ClassC 与 ClassD 之间遵循同一个包中的类之间访问控制, 即: ClassC 与 ClassD 都是默认访问控制, 但在同一个包中, 所以它们如果分别定义了属性, 那么可以相互访问通信。

7.2　练习（50 分钟）

1. 创建一个包并在其中定义一个类，类中定义一个方法，该方法在控制台输出"Hello　Wish!"创建另一个包并在其中定义一个类，该类应继承前面定义的类，在该类中加入 main() 方法，在 main() 方法中实例化子类的对象，并调用父类的方法。

2. 定义一个圆形类 Crircle，计算圆形的面积，再定义一个圆柱形类 Cylinder，计算体积。

提示：

1）定义 Circle 类，声明 protected 属性 radius（半径）。

2）在 Circle 类中编写默认构造方法（空实现）和单参数构造方法（为 radius 赋初值）。

3）在 Circle 类中编写计算面积的方法 double　area(){return　Math.P1*radius*raidus;}

4）定义 Cylinder 类继承 Circle 类，添加属性 height（高）。

5）在 Cylinder 类中编写默认构造方法（空实现，即调用基类的默认构造方法）和带两个参数的的构造方法（为 radius 和 height 赋初值，注意使用 super 关键字调用基类的构造方法）。

6）在 Calinder 类中编写计算体积的方法 double　volume(){return　area()*height;}

7）在 main 方法中创建 Cylinder 类的实例，调用实例方法获得圆面积和圆柱体体积并输出。

7.3　作业

定义一个汽车类 Car，包含属性 speed（车速），distance（行车路程）。包含一个计算行车时间的方法 getDrivingTime()，行车时间 = 行车路程 / 车速，定义一个出租车类 Taxi 继承 Car 类，在该类中添加属性 pricePerKm（每公里价格），再添加一个计价收费的方法 getFare()，车费 = 每公里价格 * 行程，注意在以上两个类中还应包含构造方法和属性访问方法 get×××() 和 set×××() 等，编写 main() 方法测试这两个类。

第 8 章 多态

本阶段目标

◇ 掌握 Java 面向对象编程中多态的概念和应用多态进行面向对象编程。

本阶段给出的步骤全面详细,请学员按照给出的上机步骤独立完成上机练习,以达到要求的学习目标。请认真完成下列步骤。

8.1 指导(1 小时 10 分钟)

8.1.1 方法覆盖

> 多态是 Java 面向对象编程三大基础特征之一,多态是建立在继承和方法覆盖基础之上的,本指导通过一个简单的例子来指导方法覆盖的实现。

题目:设计一个形状类 Shape,一个圆形类 Circle 和一个矩形类 Rectangle,Shape 类有一个绘图方法 draw();Circle 类和 Rectangle 类都继承 Shape 类,Circle 类的 draw() 方法应该绘制一个圆,Rectangle 类的 draw() 方法应该绘制一个矩形。

说明:为了方便起见,本指导练习将把所有的类编写在同一个 Java 源文件中,在该源文件中将把带有 main() 方法的类 ShapeTest 作为公有(public)类,所以把源文件命名为 ShapeTest. java。

第一步:定义一个形状类 Shape,在 Shape 类中定义 draw() 方法,由于在形状类中并不知道具体应该绘制什么形状,暂且将其实现为绘制一个随机形状,Shape 类代码如下所示:

```java
class    Shape{
public   void   draw(){
    System.out.println(" 绘制一个随机形状 ");
}
}
```

第二步：定义 Cirlcle 类和 Rectangle 类分别继承 Shape 类，虽然 Circle 类和 Rectangle 类继承了 Shape 类的 draw() 方法，但 Circle 类和 Rectangle 类有各自不同的绘制图形的实现。所以都重写基类 Shape 的 draw() 方法。

```
class  Circle  extends  Shape{
    public  void  draw(){
        System.out.println(" 绘制一个圆形 ");
}
}
class  Rectangle  extends  Shape{
public  void  draw(){
    System.out.println(" 绘制一个矩形 ");
}
}
```

派生类重写基类的方法即方法覆盖，方法覆盖需要注意：方法名称、返回类型及参数必须与基类被重写的方法完全一致。

第三步：定义包含 main() 方法的测试类 ShapeTest，如下所示：

```
public  class  ShapeTest{
public  static  void  main(String[]args){
    Shape  s=new  Shape();
    s.draw();
        Circle  c=new  Circle();
        c.draw();
        Rectangle  r=new  Rectangle();
        r.draw( )  ;
    }
}
```

第四步：看一下完整的源程序：

```
class  Shape{
    public  void  draw(){
        System.out.println(" 绘制一个随机形状 ");
    }
}
class  Circle  extends  Shape{
        public  void  draw(){
            System.out.println(" 绘制一个圆形 ");
```

```
        }
    }
class   Rectangle   extends   Shape{
public   void   draw(){
        System.out.println(" 绘制一个矩形 ");
    }
    }
public   class   ShapeTest{
public   static   void   main(String[]args){
        Shape   s=new   Shape();
        s.draw();
        Circle   c=new   Circle();
        c.draw();
        Rectainle   r=new   Rectangle();
        r.draw();
    }
    }
```

第五步：在 Eclipse 环境下运行第四步的程序，运行结果如图 8-1 所示。

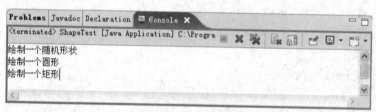

图 8-1   运行结果

多态性的体现在于基类的引用可以指向派生类的对象，然后通过基类引用去调用派生类中覆盖自己的方法。即相同的方法，不同的实现。

第六步：将 main() 方法中的内容作如下修改：

```
public   class   Shape Test{
    public   static   void   main(String[]args){
        Shape   s=new   Shape();// 基类的引用 s 指向本类的对象
        s.draw();          // 调用本类的 draw() 方法
        Circle   c=new   Circle();   // 创建派生类的对象
        s=c;                        // 基类的引用 s 指向派生类的对象
```

```
        s.draw();                   // 调用派生类重写的 draw() 方法
        s=new  Rectangle();         // 基类的引用指向派生类的对象
        s.draw();                   // 调用派生类重写的 draw() 方法

    }

}
```

第七步：在 Eclipse 环境下运行第六步修改后的程序，运行结果如 8-2 所示。

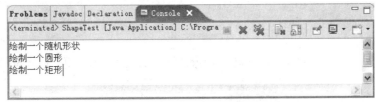

图 8-2　运行结果

8.1.2　多态——动态绑定

通过基类的引用调用方法时将根据实际对象的类型来动态地选择，这称为动态绑定，即动态多态，本指导通过一个实例进一步说明多态的实现。

题目：某公司召开员工大会，会议的主持人可以是员工代表，也可以是某部门经理或者公司总经理，现在要求在召开大会时指定一个会议主持人，该主持人作自我介绍。

分析题目可知，的程序设计到员工，部门经理，公司总经理和员工大会等实体，将这些实体设计为程序中的类，其中部门经理和总经理都是公司员工，所以它们继承员工类，为了方便起见，本指导练习把所有的类编写在同一个 Java 源文件中，并将源文件命名为 MeetingTest.java

第一步：定义一个员工类 Employee，包含属性 name 和介绍自己的方法 introduce()。

```
class  Employee{
    protected  String  name;
    public  Employee(String  name){
        this.name=name;
    }
    public  void  introduce(){
        System.out.println(" 大家好！我是普通员工。");
        System.out.println(" 我的名字是 "+name);

    }

}
```

第二步：定义一个部门经理类 DepartmentManager，继承 Employee，并重写 introduce 方法：

```
class  DepartemenManager  extends  Employee{
    public  DepartmentManager(String  name){
        super(name);
    }
    public  void  introduce(){
        System.out.println(" 大家好！我是部门经理。");
        System.out.println(" 我的名字是 "+name);
    }
}
```

第三步：定义一个总经理类 GeneraIManager，继承 Employee，并重写 introduce 方法。

```
class  GeneraIManager  extends  Employee{
    public  GeneraIManager(String  name){
        super(name);
    }
    public  void  introduce(){
        System.out.println(" 大家好！我是总经理 ;");
        System.out.println(" 我的名字是 "+name);
    }
}
```

第四步：定义一个会议类 Meeting，Meeting 类包含一个属性 emcee 代表会议主持人，在设计 Meeting 类时并不知道将来召开会议时指定的主持人是一个员工，还是一名部门经理，或者是总经理。所以把它声明为一个基类的引用，即：Employee emcee。在 Meeting 类中包含一个方法 begin() 表示会议开始，在 begin() 方法中由会议主持人作自我介绍，Meeting 类下所示：

```
class  Meeting
    Employee  emcee;// 主持人
    // 构造方法中指定会议的主持人，该主持人可以 Employee 或者其派生类的对象
    public  Meeting (Employee  emcee){
        this.emcee=emcee;
    }
    public  void  begin(){// 会议开始的方法，由主持人作自我介绍
        emcee.introduce();// 此处对 introdude 的调用将根据主持人的实际类型动
态地选择
    }
```

第五步：定义一个带 main() 方法的类 MettingTest，在 main() 方法中先实例化一名员工，这名员工可以是员工类 Employee 的对象，也可以是部门经理类 DepartmentManager 的对象，或

者是总经理类 GeneralManager 的对象,这里实例化了一个部门经理类的对象。然后实例化一个会议类的对象,在会议类的构造方法中指定刚刚创建的部门经理作为会议主持人,然后调用会议开始的方法。

```
public  class  MeetingTest{
    public  static  void  main (String[]args){
        // 创建部门经理类的对象
        Employee  emp=new  DepartmentManager(" 关羽 ");
        // 创建会议类的对象,在会议类的构造方法中指定该部门经理作为主持人
        Meeting  meeting =new  Meeting(emp);
        // 会议开始,其中讲由部门经理作自我介绍
        meeting.begin();
    }
}
```

第六步:来看一下完整的程序:

```
class  Employee
    protected  String  name;
    public  Employee(String  name){
        this.name=name;
    }
    public  void  introduce(){
        System.out.println(" 大家好!我是普通员工。 ");
        System.out.println(" 我的名字是:"+name);
    }
}
class  DepartmentManager  extends  Employee{
public  DepartmentManager(String  name){
    super(name);
    }
    public  void  introduce(){
        System.out.println(" 大家好!我是部门经理,");
        System.out.println(" 我的名字是 "+name);
    }
}
class  GeneralManager  extends  Employee{
```

```
    public   GeneralManager(String   name){
        super(name);
    }
    public   void   introduce(){
        System.out.println(" 大家好！我是总经理。");
        System.out.println(" 我的名字是 "+name);
    }
    }
    Class   Meeting{
    Employee   emcee;  // 主持人
    // 在构造方法中指定会议的主持人,该主持人可以是 Employee 或者其派生类的对
象
    public   Meeting(Employee   emcee){
        this.emcee=emcee;
    }
    public   void   begin(){   // 会议开始的方法,由主持人作自我介绍
        emcee.introduce();// 此处对 introdude 的调用将根据主持人的实际类型动态地
选择
    }
    }
    public   class   MeetingTest{
    public   static   void   main(String[]   args){
        // 创建部门经理类的对象
        Employee   emp=new   DepartmentManager(" 张飞 ");
        // 创建会议类的对象,在会议类的构造方法中指定该部门经理作为主持人
        Meeting   meeting =new   Meeting (emp);
        // 会议开始,其中将由部门经理作自我介绍
        meeting.begin();
    }
    }
```

第七步：在 Eclipse 环境中运行第六步的程序,运行结果如图 8-3 所示。

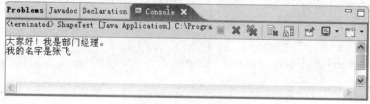

图 8-3　运行结果

将 main() 方法中的第一句改成：

```
Employee   emp=new   Employee(" 张飞 ");
// 或者
Emplyee   emp=new   GeneralManager(" 刘备 ");
```

运行修改后的程序并查看运行结果。

8.1.3　覆盖 Object 类的方法

> Object 类是所有 Java 类的直接或间接基类，在这个类中定义了所有的 Java 对象都具有的基本方法，本指导通过覆盖 Object 类的 equals 方法实现自定义类的比较。

第一步：创建一个 Student 类，代码如下：

```
public   class   Student {       // 直接集成了 Object 类
    private   int   id;// 学生编号
    private   String   name;//  学生姓名
    public   Student(int   id, String   name){
        this.id=id;
        this.name=name;
    }
    public   static   void   main(String[]args){
        Student   stu1=new   Student(1," 张三 ");
        Student   stu2=new   Student(1," 张三 ");
        if(stu1.equals(stu2)){   // 调用从 Object 类继承的 equals 方法来判断两个
对象是否相等
            System.out.println(" 两个对象相同 ");
        }
        else{
            System.out.println(" 两个对象不同 ");
        }
    }
}
```

第二步：在 Eclipse 环境中运行上面的程序。结果如图 8-4 所示。

图 8-4　运行结果

可能认为编译器出错了,程序当中明明创建了两个相同的学生类对象,为什么用 equals 方法判断的结果却是两个对象不同呢? 原因是 Object 类的 equals 方法是判断两个对象的引用是否相同,即判断 stu1 和 stu2 是否指向同一个对象,由于 stu1 和 stu2 都是用 new 关键字创建出来的对象,虽然它们的内容相同,但占据不同的内存区域,所以使用 Object 的 equals 方法判断的结果是:stu1 和 stu2 引用了两个不同的对象。

要判断两个对象的引用是否相等,使用"= ="操作符就可以实现,而 equals 方法的作用就是用来判断两个对象的内容是否相等。如果希望使用 equals 方法来判断 stu1 和 stu2 的内容是否相等,需要在自定义 Student 类中重写 equals 方法。

第三步:在 Student 类中重写 equals 方法以决定如何比较两个 Student 类的对象,修改后 Student 类如下代码所示:

```
public   class   Student{// 直接继承了 Object 类
    private   int   id;// 学生编号
    private   String   name;// 学生姓名
    public   Student(int   id,String   name){
        this.id=id;
        this.name=name;
    }
public   boolean   equals(Object   obj){// 重写 equals 方法
    // 如果要比较的对象为空,比较结果当然是不同的
    if(obj= =null){
        return   false;
    }
    // 如果要比较的对象和当前对象是同一个对象,比较结果当然相同
    if(obj= =this){
        return   true;
    }
    // 如果要比较的对象和当前对象的类型不同,比较结果当然不同
    if(this.getClass()! =obj.getClass()){
        return   false;
    }
    // 经过以上步骤,obj 必然是 Student 类的对象,进行强制转换
```

```
    Student   stu=(Student)obj;
        // 如果要比较的对象和当前对象的学好和姓名都相等返回 true,某些返回
false
        return   id = =stu.id &&name.equals(stu.name);
    }
    public   static   void   main(String[]args){
        Student   stu1=new   Student(1," 张三 ");
        Student   stu2=new   Student(1," 张三 ");
        if(stu1.equals(stu2)){// 调用 Student 类重写的 equals 方法
            System.out.println(" 两个对象相同 ");
        }
        else{
            System.out.println(" 两个对象不同 ");
        }
    }
}
```

第四步:在 Eclipse 环境运行中第三步修改后的程序,运行结果如图 8-5 所示。

图 8-5　运行结果

8.1.4　final 修饰符的应用

题目:请举一个例子,说明 final 的作用:

用 final 修饰的类不能被继承,没有子类。

用 final 修饰的方法不能被子类的方法覆盖。

用 final 修饰的变量表示常量,只能被赋一次值。

第一步:根据题目自定义类,只要证明以上例出的情况是正确的即可,先定义一个类,用于证明"用 final 修饰的变量表示常量,只能被赋一次值"。示例如下:

```
public   class   ClassA{
   public   final   int   var1=1;
   public   void   method(){
      var1=1;
   }
   public   static   void   main(String[]args){
      //TODO   Auto-generated   method   stub
      ClassA   a=new   ClassA( );
a.   var1=1;
}
}
```

在以上示例中定义了一个类 ClassA, 并且定义了一个常量, 但给其进行了两次赋值。接下来, 使用 Eclipse 工具进行编译验证, 是否"用 final 修饰的变量表示常量, 只能被赋一次值", 关于怎样使用 Eclipse 创建类等在前面章节已经讲过了, 不再重复, 秩序验证的论断, 如图 8-6 和图 8-7 所示。

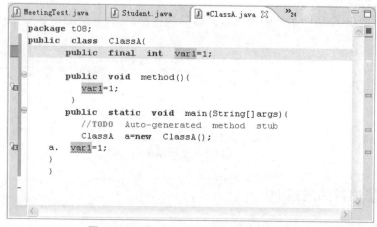

图 8-6　利用 Eclipse 工具编译验证赋值

MeetingTest.java
Student.java
ClassA.java
package t08;
public class ClassA{
public final int var1=1;
public void method(){
var1=1;
}
The final field ClassA.var1 cannot be assigned
Press 'F2' for focus.
//TODO Auto-generated method stub
ClassA a=new ClassA();
a. var1=1;
}
}

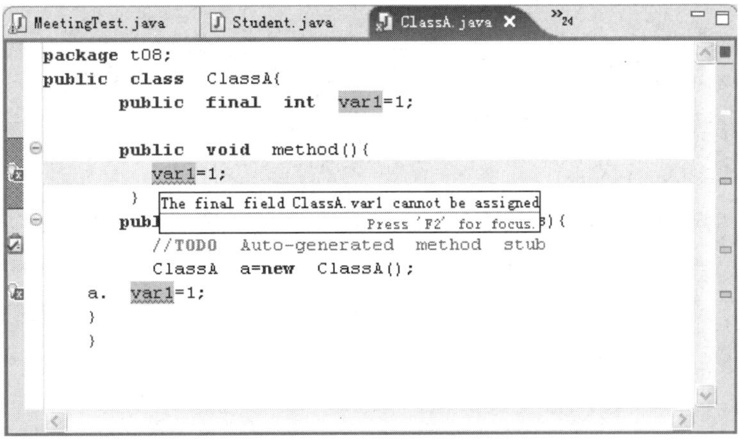

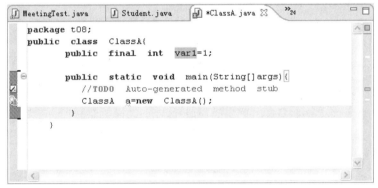

图 8-7　利用 Eclipse 工具编译验证赋值

从以上编译结果和错误显示信息，知道需要把 var1 的 final 修饰符删除才能编译通过，当然如果删除 final 修饰符可以编译通过，但不这么做，删除编译出错的行，以证明可以编译通过，即：证明“用 final 修饰的变量表示常量，只能被赋一次值”。同样用 Eclipse 而工具来完成编译，编译结果如图 8-8 所示。

MeetingTest.java
Student.java
*ClassA.java
package t08;
public class ClassA{
public final int var1=1;
public static void main(String[]args){
//TODO Auto-generated method stub
ClassA a=new ClassA();
}
}

图 8-8　编译结果

第二步：请用 Eclipse 工具继续完成证明，“用 final 修饰的类不能被继承，没有子类”和“用 final 修饰的方法不能被子类的方法覆盖”。本指导不再继续证明。

8.2　练习(50 分钟)

1. 定义一个人类 Person，类中定义一个方法 drink()，该方法在控制台输出“drink　water”。定义一个酒鬼类 Alcoholic，该类继承 Person 类并覆盖 Person 类的 drink() 方法，在控制台输出“drink　alcohol。”在 main() 方法中编写如下代码，并观察运行结果。

```
Person  p=new  Person();
p.drink();
Alcoholic  a=new  Alcoholic();
a.drink();
p=a;
p.drink()
```

2."形状"有一个基础类，名位"Shape"。另外还有大量派生类型：Circle（圆形）、Rectangle（矩形）、Tringle（三角形），等等。请给以上各形状定义一个多态继承关系图，每个类有 draw() 和 erase() 方法。

8.3　作业

给练习 1 一个完整的反映多态特点的程序。并用 Eclipse 执行程序，给出执行结果。

提示：可以仿照指导部分完成该练习。

第9章　抽象类与接口

本阶段目标

◆ 掌握抽象类与接口之间的区别及使用场合。
◆ 使用抽象类和接口进行简单编程。

本阶段给出的步骤全面详细,请学员按照给出的上机步骤独立完成上机练习,以达到要求的学习目标。请认真完成下列步骤。

9.1　指导(1 小时 10 分钟)

9.1.1　抽象类基本概念

> 抽象类是一个不完整的类,它包含了没有具体实现的抽象方法,抽象类的目的是提供一个合适的基类,以派生其他类,抽象类只能作为继承层次结构中的基类,不能实例化这种类的对象,抽象类的具体子类必须为其基类的抽象方法提供具体实现,本指导继续使用上机部分第 8 章 Shape 类的继承层次结构来说明如何使用抽象类。

题目:设计一个抽象类 Shape,一个圆形类 Circle 和一个矩形类 Rectangle。Shape 类有一个抽象方法 draw(),Circle 类和 Rectangle 类都继承 Shape 类,并提供抽象方法 draw() 的具体实现。

说明:为了方便起见,本指导练习把所有的类编写在同一个 Java 源文件中,并命名为 ShapeTest.java。

第一步:定义一个形状类 Shape,在 Shape 类中声明 draw 方法,声明为抽象方法,具体的子类来提供具体的实现。包含一个或多个抽象方法的类必须声明为抽象类,声明抽象类和抽象方法都使用 abstract 关键字,Shape 类如下所示:

```java
abstract   class   Shape{
public   abstract   void   draw();// 抽象方法
   }
```

第二步：定义 Cirlcle 类和 Rectangle 类分别继承 Shape 类，并提供抽象类方法 draw() 的具体实现。如下代码所示：

```
class   Circle   extends   Shape{
    public   void   draw(){   // 子类提供抽象方法的集体实现
        System.out.println(" 绘制一个圆形 ");
}
}
class   Rectangle   extends   Shape{
public   void   draw(){   // 子类提供抽象方法的具体实现
    System.out.println(" 绘制一个矩形 ");
}
}
```

第三步：定义包含 main() 方法的类测试 ShapeTest，如下代码所示：

```
public   class   Shape Test{
    public   static   void   main(String[] args){
        Rectangle   r=new   Rectangle();
        r.draw();
    // 虽然不能实例化抽象类的对象，但可以声明抽象类的变量引用子类的对象
        Shape   s=new   Circle();
        s.draw();
    }
    }
```

第四步：看一下完整的源程序：

```
abstract   class   Shape{
    public   abstract   void   draw();// 抽基类的抽象方法
}
class   Cirle   extends   Shape{
    public   void   draw(){     // 子类提供具体的实现
        System.out.println(" 绘制一个圆形 ");
    }
}
class   Rectangle   extends   Shape{
```

```
        public  void  draw(){        // 子类提供具体的实现
            System.out.println(" 绘制一个矩形 ");
        }
    }
public  class  ShapeTest{
    public  static  void  main(String[]args){
        Rectangle  r=new  Rectangle();
        r.drow();
// 虽然不能实例化抽象类的对象,但可以声明抽象类的变量引用子类的对象
        Shape  s=new  Circle();
        s.draw();
    }
}
```

第五步:在 Eclipse 环境第四步的程序,运行结果如图 9-1 所示。

图 9-1　运行结果

9.1.2　抽象类的应用

本指导通过一个稍微复杂的示例来进行进一步演示抽象类的应用。

题目:一个公司有不同类型的员工,包括经理,销售员,普通职工等等。每种类型的员工都有不同的职务形成和不同的计算工资的方法。现在要求使用一个统一的基类类型的数组来存放不同类型的员工,并显示每个员工的信息。

说明:本指导练习把所有的类编写在同一个 Java 源文件中,并命名为 EmpTest.java。

第一步:每种类型的员工都是公司的雇员,抽象出一个基类 Employee。在抽象类中可以保存所有员工都共有的属性如姓名。在抽象基类中给出显示员工信息的方法 showInfo,在该方法中显示雇员的姓名、职务和工资总额。因为在抽象的雇员类中并不知道具体的员工类对应的职务是什么,工资总额如何计算,把获取雇员的职务和工资总额的方法声明为抽象方法,由具体的子类去实现。Employee 类如下所示:

```
abstract   class   Employee{
  protected   String   name;   // 雇员姓名
  public   Employee(String   name){
    this.name=name;
  }
  public   String   getName(){
    return   name;
  }
  public   abstract   String   getTitle();   // 抽象方法,获取雇员职务
  public   abstract   double   getSalary();   // 抽方方法,获取员工资额
  public   void   showInfo(){      // 显示雇员信息
    System.out.println(" 姓名:"+name);
    System.out.println(" 职务:"+getTitle());
    System.out.println(" 工资:"+getSalary());
  }
}
```

第二步:编写具体的员工类继承抽象类 Employee. 为了简化程序,只设计两个子类:经理类 Manager 和销售员类 Salesman。在这一步骤中先编写 Manager 类,假设经理计算工资的方法是:月工资 + 用活动补贴,因此在 Manager 类中增加两个属性,月工资 manthSal,月活动补贴 subsidy。在 Manager 中比较实现基类的抽象方法。Manager 类如下代码所示:

```
class   Manager   extneds   Employee{
    protected   double   monthSal;// 月工资
    protected   double   subsidy;   // 月工活动补贴
    public   Manager(String   name.double   monthSal,double   subsdiy){
        super(name);
        this.monthSal=monthSal;
        this.subsidy=subsidy;
    }
    public   String   getTitle(){      // 实现基类的抽象方法
        return" 经理 ";
    }
    public   double   getSalary(){   // 实现基类的抽象方法
        return   monthSal+subsidy;
    }
}
```

第三步:编写 Salesman 类,假设销售员类计算工资的方法是:基本工资 + 销售额 + 提成

率,因此可以在 Salesman 类中增加两个属性,基本工资 baseSal,销售额 saleAmount。假定提成率是一个不变的量,可以把它声明为静态常量,在 Salesman 中也必须实现基类的抽象方法。Salesman 类如下所示:

```java
class   Salesman   extends   Emlolee{
    protected   double   baseSal;        // 基本工资
    protected   double   saleAmoent;   // 销售额
    public   static   final   double   PERCENTAGE=0.05;//   提成率
    public   Salesmna(String   name,double   baseSal,double   saleAmoent){
        super(name);
        this.baseSal=baseSal;
        this.saleAmoent=saleAmoent;
    }
    public    String   getTile() {   // 实现基类的抽象方法
        return" 销售员 ";
    }
    public   double   get Salary(){   // 实现基类的抽象方法
        return   baseSal+saleAmount*PERCENTAGE;
    }
}
```

第四步:编写一个带有 main() 方法的类来实现题目要求的功能,将该类命名为 EmpTest 在 main() 方法中,使用基类类型的数组来存放不同子类的对象,然后调用 showInfo 方法显各员工的信息,EmpTest 类如下所示:

```java
public   class   EmpTest{
    public   static   void   main(String[] args){
        // 使用抽象基类的数组来存放具体子类的对象
        Employee[] emps={new   Salesman(" 张飞 "3000,25000),
                        new   Manager(" 刘备 "5000,1500);
                        new   Salesman(" 关羽 "3500,30000)};
        // 循环输出每个员工的信息
        for(int=0;i<emps.length;i++){
            Emps[i].showInfo();
            System.out.println();
        }
    }
}
```

第五步:看一下 EmpTest.java 文件中完整代码,如下所示:

```
abstract   class   Employee{
    protected   String   name;// 雇员姓名
    public   Employee(String   name){
        this.name=name;
    }
    public   String   getName(){
        return   name;
    }
    public   abstract   String   getTitle();      // 抽象方法,获取雇员职务
    public   abstract   double   getSalary();     // 抽方法,获取雇员工资总额
    public   void   showlnfo(){
        System.out.println(" 姓名 : "+name);
        System.out.println(" 职务 : "+getTitle());
        System.out.println(" 工资 : "+getSalary());
    }
}
class   Manager   extends   Meployee{
    protected   double   monthSal;     // 月工资
    protected   double   subsidy;      //  月活动补贴
    public   manager(String   name,double   monthSal,double   subsidy){
        super(name);
        this.monthSal=monthsal;
        this.subsidy=subsidy;
    }
    public   String   getTitle(){      // 实现基类的方法
        return" 经理 ";
    }
    public   double   getSalary(){      // 实现基类的抽象方法
        return   monthSal+subsidy;
    }
}
class   Salesman   extends   Employee  {
    protected   double   baseSal;     // 基本工资
    protected   double   saleAmounts; // 销售额
    public   static   final   double   PERCENTAGE=0.05;  // 提成率
    public   Salesman(String   name,double   baseSal,double   saleAmount){
        super(name);
```

```
            this.baseSal=baseSal;
            this.saleAmount=saleAmount;
        }

        public   String   getTitle(){        // 实现基类的抽象方法
            return" 销售员 ";
        }
    public   double   getSalary(){    // 实现基类抽象方法
        return   boseSal+soleAmount*PERCENTAGE;
    }
    public   class   EmpTest{
        public   static   void   main (String []   args){
            // 使用抽象基类的数组来存放具体子类的对象
            Employee[]emps={new    Salesman(" 张飞 "3000,25000),
                            new    Manager(" 刘备 ",5000,1500),
                            new    Salesman(" 关羽 "3500,30000)};
            //   循环输出每个员工的信息
            for (int =0;i<emp.length;i++){
                Emps[i].showInfo();
                System.out.println();
            }
        }
    }
}
```

第六步:在 Eclipse 环境重运行第五步的程序,运行结果如图 9-2 所示。

图 9-2   运行结果

9.1.3　接口的基本概念

> 接口 (interface) 关键字使抽象的概念更深入了一层,可以将接口想象成"纯"抽象类。接口只提供方法形式,并不提供省实施细节。需要深入讨论接口的概念区分抽象与接口,接下来着重指导接口的基本使用。

　　题目:假定所有有驾驶执照的人都可以开车,于是可以抽象出一个驾驶拥有者接口 LicenceHolder,在 LicenceHolder 接口生命中一个驾驶车辆方法 drive()。设计一个司机类 Driver 实现 LicenceHolder 接口。

　　说明:本指导练习把所有的类编写在同一个 Java 源文件中,并命名为 DriverTest.java。

　　第一步:定义 LicenceHoler 接口,如下所示:

```
interface  LicenceHolder{
    void  drive();  //接口中的方法,默认都是 public 和 abstract 类型
}
```

　　第二步:定义一个 Driver 类实现 LicenceHolder 接口,实现接口使用关键字, implements。接口的实现类必须实现接口中声明的所有方法。如下代码所示:

```
class  Driver  implements  LicenceHolder{
    private  String  name;   //司机姓名
    public  Driver(String  name){
        this. name=name;
    }
    public  String  getName(){
        return  name;
    }
    public  void  drive(){  //实现接口中的方法
        System.out.println("---------- 时速 200 公里 ---------");
        System.out.println(" 我有驾照我怕谁 ");
        System.out.println("---------- 时速 300 公里 ---------");
    }
}
```

　　第三步:定义一个带 main() 方法的类 DriverTest,如下代码所示:

```
public  class  driverTest{
    public  static  void  main (String [] args){
      Driver  dr=new  Driver(" 张飞 ");
      System.out.println(" 司机司机:"+dr.getName());
      dr.drive();
    }
}
```

第四步:看一下 DriverTest.java 文件中的完整代码,如下代码所示:

```
interface  LicenceHolder{
    void  drive();        // 接口中的方法默认都是 public 和 abstract 类型
}
class  Driver  implements  LicenceHolder{
    private  String  name;        // 司机姓名
    public  Driver(String  name){
        this.name=name;
    }
    public  String  getName(){
        return  name;
    }
    public  void  drive(){    // 实现接口中的方法
        System.out.println("--------- 时速 200 公里 ----------");
        System.out.println(" 我有驾照我怕谁 ");
        System.out.println("---------- 时速 300 公里 ----------");
    }
}
  public  class  DriverTest{
    public  static  void  main (String[]args){
        Driver  dr=new  Driver(" 张飞 ");
        System.out.println(" 司机姓名:"+dr.getName());
        dr.drive();        // 调用接口方法
    }
}
```

第五步:在 Eclipse 环境中运行第四步的程序,运行结果如图 9-3 所示。

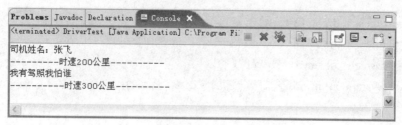

图 9-3　运行结果

9.1.4　利用接口实现多继承

Java 里没有多继承，一个类只能有一个基类—利用接口可以实现多继承，一个类可以实现多个接口。本指导利用 9.1.3 直达部分的驾照拥有者利用接口和司机类的程序，对其进行扩展，在该程序中实现多继承。

题目：一个司机本身是一个人，假定已有一个人类 Person，在 Person 类中提供了所有的人共性，如姓名、年龄等，那么司机类 Driver 只需要继承 Preson 类就可以了，不需要再重复定义姓名，年龄的属性，司机又是一个驾照拥有者，那么司机类再去实现 LicenceHolder 接口。

说明：本指导练习把所有的类编写在一个 Java 源文件中，并命名为 DriverTest.java。

第一步：假定已有一个人类 Person，Person 类如下代码所示：

```
class Person{
protected String    name;// 姓名
protected int age;// 年龄
public Person(String name,int age){
this.age=age;
this.name=name;
}
public String getName(){
Return name;
}
public int    getAge (){
Return Age;
}
}
```

第二步：定义 LicenceHolder 接口。如下代码所示：

```
Interface    LicenceHolder    {
    void    drive();   //  接口方法,驾驶汽车
}
```

第三步：定义 Driver 类继承 Person 类，并实现 LicenceHolder 接口，即实现了多继承。Drivre 类如下代码所示：

```java
class   Driver   extends   Person   implements   LicenceHolder{
    public   Driver(String   name,int   age){
        super(name,age);
    }
    public   void   drive(){      // 实现接口方法
        System.out.println("---------- 时速 200 公里 ----------");
        System.out.println(" 我有驾照我怕谁 ");
        System.out.println("---------- 时速 300 公里 ---------")   ;
    }
}
```

第四步：定义带 main 方法的类 DriverTest。如下代码所示：

```java
public   class   DriverTest{
    public   static   void   main (String   []args){
        Driver   dr=new   Driver(" 张飞 ",33)
        System.out.println(" 司机姓名："+dr.getName());
        System.out.println(" 司机年龄："+dr.getAge());
        LicenceHolder   holder=dr;      // 可以使用接口类型的变量引用其实现类
        Holder.drive();                 // 调用接口方法
    }
}
```

第五步：看一下 DriverTest.java 文件中的完整代码，如下代码所示：

```java
class   Person{
protected   String   name;   // 姓名
protected   int   age;        //年龄
public   Person(String   name,int   age){
    this.name=name;
    this.age=age;}
public   String   getName(){
    return   name;
}
```

```
    public   int   getAge(){
        return  age;
    }
}
interface   LicenceHolder{
    void   drive();        // 接口方法,驾驶汽车
}
class   Driver   extends   Person   implements   LicenceHolder{
    public   Driver(String   name,int   age){
        super(name,age);
    }
    public   void   drive(){       // 实现接口方法
        System.out.println("---------- 时速 200 公里 ----------");
        System.out.println(" 我有驾照我怕谁 ");
        System.out.println("---------- 时速 300 公里 ---------")   ;
    }
}
public   class   DriverTest{
    public   static   void   main(String[]args){
        Driver   dr=new   Drivr(" 张飞 ",33);
        System.out.println(" 司机姓名:"+dr.getName());
        System.out.println(" 司机年龄:"+dr.getAge());
        LicenceHolder   holder=dr;// 可以使用接口类型的变量引用其实现类
        holder.drive();            // 调用接口方法
    }
}
```

第六步:在 Eclipse 环境中运行第五步的程序,运行结果如图 9-4 所示。

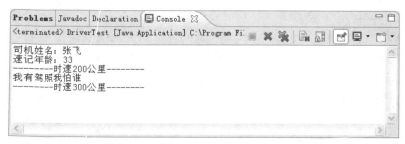

图 9-4   运行结果

9.2　练习（50 分钟）

请阅读如下程序，按要求答题。

```java
//Music.java
package  Instruc;
import  java.util.*;
//注意以下各类都放在同一个包中,但不同的 Java 文件中
abstract  class  Instrument{
    public  obstract  void  play();
    public  String  what(){
      return"Instrument";
    }
    public  abstract  void  adjust();
}
class  Wind  extends  Instrument  {
    public  void  play(){
        System.out.println("Wind.play()");
    }
    public  String  what(){
        return    "Wind";
    }
        public  void  adjust(){  }
    }
  class  percussion  extends  Instrument{
    public  void  play(){
        System.out.println("Percussion.play()");
    }
        public  String  what(){
        return    "percussion";
    }
    public  void  adjust(){ }
  }
```

```
class  Stringed  extends  Instrument  {
    public  void  play(){
        System.out.println("Stringed.play()");
    }

        public  String  what(){
        return  "Stringed";
    }

        public  void  adjust(){  }
}
class  Woodwind  exbends  Wind{
    public  void  play(){
        System.out.printIn("WoodWind.play()");
    }
    public  string  What(){
        return  "WoodWind";
    }
}
class  Brass  Extends  Wind{
    public  void  play(){
        System.out.println("Brass.play()");
    }
    public  void  adjust(){ }
}
    public  class  Music{
    static  void  tune(Instrument  i){
//        此处编写自己的内容程序
i.play();
        }
    static  void  tuneAll(Instrument[]e){
                For(int   i=0;i<e.length;i++)
                    Tune(e[i]);
            }
            public  static  void  main(String[]args){
                Instrument[]orchestra=new  Instrument[5];
                Int   i=0;
```

```
                orchestra[i++] =new   Wind();
                orchestra[i++] =new   Percussion();
                orchestra[i++] =new   Stringed();
                orchestra[i++] =new   Woodwind();
                orchestra[i++] =new   Brass();
            }
        }
```

要求：

1）按照指导部分的可执行与本题程序进行对比，指出程序的异同（只指出字面上的不同）。

2）使用 Eclipse 运行该程序，比较指导部分的可执行与本题程序的运行结果？

9.3　作业

1. 比较抽象类与接口异同。

2. 设计一个机动车类 Vehicle 并将其声明为抽象类，其中声明一个抽象 drive()。创建小汽车类 Car，巴士类 Bus，摩托车类 Motorcycle，继承自 Vehicle 类，实现抽象方法 drive()。创建带有 main() 方法的类，在该类中创建各子类的实例并调用 drive() 方法。

3. 将上面作业 2 改用接口实现。

第 10 章 Java 集合

本阶段目标

　✧　理解集合框架的类型层次结构。

　✧　应用 Java 集合：Set、List、Map 等进行 Java 编程。

　本阶段给出的步骤全面详细,请学员按照给出的上机步骤独立完成上机练习,以达到要求的学习目标;请认真完成下列步骤。

10.1　指导(1 小时 10 分钟)

10.1.1　集合 List

在 Java 程序中, Java 集合有重要的地位,在实践开发中可以用集合来存放对象,使程序共享数据等,接下来的指导部分主要学习 ArrayList 的使用。

　题目:在 ArrayList 中添加一组人名,分别通过索引和集合访问器 iterator 输出集合中的每一个元素。

　新建一个类文件命名为 ArayListTest.java。代码如下所示:

```
import   java.util.*;
public   class   ArrayListTest{
    public   static   void   main(String[]args){
        ArrayList   arr=new   ArrayList();
// 使用 ArrayList 的默认构造方法实例化一个 ArrayList
        arr.add(" 张飞 ");//add 方法往集合中添加一个元素
        arr.add(" 吕布 ");
        arr.add(" 貂婵 ");
```

```
            arr.add("赵云");
            for(int   i=0,i<arr.size();i++){
//size 方法返回集合重元素的个数
                System.out.println(arr.get(i));
//get 方法返回指定索引位置上的元素
            }
            System.out.println();
            Iterator   it=arr.iterator();
//iterator 方法返回一个集合访问器对象
            while(it.hasNext()){        // 如果还有下一个元素
                System.out.println(it.next());// 将下一个元素打印输出
            }
        }
    }
```

运行上面的程序,运行结果如图 10-1 所示。

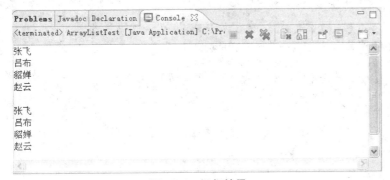

图 10-1　运行结果

10.1.2　集合 Set

Set 是一个元素不能重复的集合。接下来的指导部分主要学习 HashSet 的使用。

题目:在一个字符串数组中存放一组人名,其中包含重复的人名。将该数组中的元素依次存放一个 HashSet 中,查看 HashSet 中的值。

新建一个类文件,命名为 Hash 而 SetTest.java。代码如下所示:

```
import   java.util.*;
public   class   HashSetTest{
    public   static   void   main (String[] args){
       String[]names={" 张飞 "," 吕布 "," 貂婵 "," 吕布 "};
       HashSet   set=new   HashSet();   // 使用 HashSet 的默认构造方法实例化
                                        // 一个 HashSet
       for(int   i=0;i<name.length;i++){
         Set.add(names[i]);
       }
       System.out.println(" 数组重元素的一个数为："+names.length);
       System.out.println("Set 重元素的个数为："+   set.size());
       Iterator   it=set.iterator();
       while(it.hasNext()){
         System.out.println(it.next());
       }
    }
}
```

运行上面的程序，运行结果如图 10-2 所示。

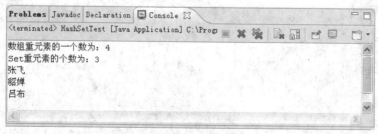

图 10-2　运行结果

从运行结果可以看出，HashSet 将重复的字符串删除了。

10.1.3　集合 Map

Map 称为映射，Map 中添加的每一个元素都包含键 / 值对。其中键对象不能重复，值对象可以重复。接下来的指导部分主要学习 HashMap 的使用。

题目：在 Map 中添加一组键值对。键和值都为字符串对象，循环输出键值对的值。
新建一个类文件命名为 HashMapTest.java 代码如下所示：

```
import    java.util.*;
public    class    HashMapTest{
    public    static    void    main(String[]    args){
        HashMap    map=new    HashMap();// 使用 HashMap 的默认构造方法实例
化一个 HashMap
        map.put(" 姓名 "," 关羽 ");        //put 方法用于添加键值对
        map.put(" 武器 "," 青龙偃月刀 ");
        map.put(" 坐骑 "," 赤兔马 ");
        map.put(" 武力 ","99");
        map.put(" 智慧 ","88");
        Set    set=map.keySet();    //keySet 方法返回包含落有键对象的 Set
        Iterator    it=set.iterator();
        while(it.hasNext()){
            String    key=(String)it.next();    // 遍历每一个键对象
            String    value=(String )map.get(key);
//get 方法根据键对象返回对应的值对象
            System.out.println(key+": "+value);
        }
    }
}
```

运行上面的程序,运行结果如 10-3 所示。

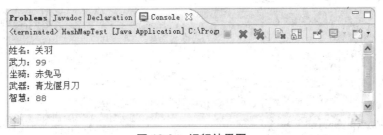

图 10-3　运行结果图

10.1.4　集合的应用

　　经过以上指导练习,对集合有了一个初步的了解,接下来的指导部分主要讲解集合的应用。

　　题目:某学校的学生成绩管理系统中需要记录学生的信息,同时可以根据学生的学号查询某位学生的信息。

　　分析:根据题意,可以先定义一个学生类 Student,包含学号、姓名、成绩等属性。然后定义

一个学校类 School，在 School 类中使用一个 ArrayList 存储学生信息，编写一个方法用于往 ArrayList 中添加一名学生，再编写一个方法，该方法根据一个学号查找一名学生。编写 main() 方法进行测试。

新建一个文件命名为 School.java。根据题目要求，代码如下所示：

```java
import   java.util.*;      // 导入包含集合类的包
import   javax.swing.*;// 导入输入对话框所在的包
class   Student{   //学生类
    private   int   id;   //学号
    private   String   name;   //  姓名
    private   double   score;   //成绩
    public   Student(int   id,String   name,double   score){
        this.id=id;
        this.name=name;
        this.score=score;
    }
    public   int   getId(){
        return   id;
    }
    public   String   getName(){
        return   name;
    }
    public   double   getScore(){
        return   score;
    }
}
public   class   School{   //学校类
    ArrayList   list;// 可变数组列表,用于存储学生对象
    public   School(){
        list=new   ArrayList();
    }
    public   void   addStudent(Student   st){   //添加一名学生的方法
        list.add(st);      //直接代用集合的 add 方法添加一名学生
    }
    public   Student   findStudent(int   id){   //根据学号查找一名学生的方法
        Iterator   it=list.iterator();      //iterator 用于遍历集合中的元素
```

```
        while(it.hasNext()){          // 如果还有下一个元素则继续循环
            Student  st=(Student)it.next();  // 将下个元素转换为学生类的对象
            if(st.getId()= =id){
                return  st;        // 如果找到则返回该学生对象
            }
        }
        return  null;        // 如果没有找到返回 null 值
    }
    public  static  void  main(String[]args){
        School  sch=new  School();
        sch.addStudent(new  Student(101," 张飞 ",45));// 调用添加一名学生的方法
        sch.addStudent(new  Student(121," 关羽 ",65));
        sch.addStudent(new  Student(114," 刘备 ",85));
        sch.addStudent(new  Student(127," 诸葛亮 ",100));
        sch.addStudent(new  Student(119," 吕布 ",0));
        String  str=JOptionPane.showInputDialog(" 请输入您要查找学生学号 ");
        int  id=Integer.parseInt(str);
        Student  st=sch.findStudent(id);  // 调用根据学号查找学生的方法
        if(st= =null){
            System.out.println(" 你要查找的学生不存在 ");
        }
        else{
            System..out.println(" 学号:"+st.getId());
            System.out.println(" 姓名:"+st.getName());
            System.out.println(" 年龄:"+st.getAge());
        }
    }
}
```

运行以上程序,将弹出输入对话框,如图 10-4 所示。

图 10-4 "输入"对话框

输入一个学号按"确定"按钮,运行结果如图 10-5 所示。

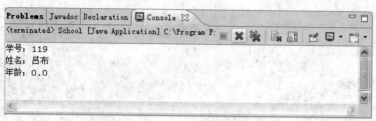

图 10-5　运行结果

10.2　练习(50 分钟)

1. 使用 LinkedList 添加一组 Integer 类型的对象。使用 Collections 类的 sort 方法对集合中的元素进行排序,输出排序后的元素值。

2. 使用 TreeSte 添加一组 Integer 类型的对象,循环输出元素的值(注意: TreeSet 是一个自动排序的 Set)。

10.3　作业

1. 自定义一个 Student 类实现 Comparable 接口(该接口用于指定排序规则,参考第 6 章理论部分)Student 类包含学号和姓名属性。使用 TreeSet 添加一组 Student 类的对象,然后循环输出学生信息。如果 Student 类不能实现 Comparable 接口,执行该程序会出现什么结果,试分析原因。

2. 将 10.1.4 指导部分改用 HashMap 来实现。提示:将 School 类中 ArrayList 类型的属性改为 HashMap 类型,在 School 类的 addStudent() 方法中,将学号作为键对象,将 Student 对象作为值对象添加到 HashMap 中。修改 findStudent 方法以实现从 HashMap 中根据学号检索学生对象。

第 11 章 多线程

本阶段目标

✧ Java 多线程的应用。

本阶段给出的步骤全面详细,请学员按照给出的上机步骤独立完成上机练习,以达到要求的学习目标:请认真完成下列步骤。

11.1 指导(1 小时 10 分钟)

在 Java 程序中,Java 多线程占有重要的地位。Java 实现多线程技术,所以比 C 和 C++ 更健壮。多线程带来的好处是更好的交互性能和实现控制性能,接下来的指导部分我们主要学习多线程的应用。

题目:我们根据今天理论部分所学内容完成一个 Java 多线程的应用程序,由 Producer 对象生产整数,并由 Consumer 对象消耗所生产的整数。

第一步:定义 Clerk 店员类,其中有一个私有整型属性 product,并赋值为 -1,表示没有产品。定义公共的属性读写方法,并对其加锁,setProduct(int product) 方法中应判断自身属性的值,如为 -1,应使线程进入阻塞状态,等待其他线程生产整数产品,而待其完成后继续后边的打印工作,并通知消费者线程继续工作。getProduct() 方法中也应该判读属性的值,如为 -1,线程阻塞,待其他线程工作,然后待其完成后继续后边的工作,并最终将属性值改为 -1,表示货已领走。代码如下:

```java
public class Clerk {
    //-1 表示目前没有产品
    private int product=-1;
    // 这个方法由生产者调用
    public synchronized void setProduct(int product){
        if(this.product!=-1){}
```

```java
                        try{
                                // 目前店员没有空间收产品,请稍后
                                wait();
                        }catch(InterruptedException e){
                                e.printStackTrace();
                        }
                }
                this.product=product;
                System.out.printf(" 生产者设定 (%d)%n",this.product);
                // 通知等待区中的一个消费者可以继续工作了
                notify();
        }
        // 这个方法由消费者调用
        public int getProduct(){
                synchronized(this){
                        if(this.product==-1){
                                try{
                                        // 缺货了,请稍后
                                        wait();
                                }catch(InterruptedException e){
                                        e.printStackTrace();
                                }
                        }
                        int p=this.product;
                        System.out.printf(" 消费者取走 (%d)%n",this.product);
                        this.product=-1;// 取走产品,-1 表示目前店员手上无产品
                        // 通知等待区中的一个生产者可以继续工作了
                        notify();
                        return p;
                }
        }
}
```

第二步:定义生产者 Producer 线程类,其中有一个 Clerk 类型的属性和带参数的构造方法,并在 run() 方法中输出一句话:"生产者开始生产整数……",然后线程在随机时间中暂停,而后将产品交给店员对象。代码如下:

```
public class Producer implements Runnable {
    private Clerk clerk;
    public Producer(Clerk clerk){
        this.clerk=clerk;
    }
    public void run(){
        System.out.println(" 生产者开始生产整数 ....");
        // 生产 1 到 10 的整数
        for(int product=1;product<=10;product++){
            try{
                // 暂停随机时间
                Thread.sleep((int)Math.random()*3000);
            }
            catch(InterruptedException e){
                e.printStackTrace();
            }
            // 将产品交给店员
            cierk.setProduct(product);
        }
    }
}
```

第三步：定义消费者 Consumer 线程类。其中有一个 Clerk 类型的属性和带参数的构造方法，并在 run() 方法中输出一句话："消费者开始消耗整数……"，然后线程在随机时间中暂停，而后将产品从店员对象手中取走。代码如下：

```
public class Consumer implements Runnable{
    private Clerk clerk;
    public Consumer(Clerk clerk){
        this.clerk=clerk;
    }
    public void run(){
        System.out.println(" 消费者开始消耗整数 .....");
        // 消耗 10 个整数
        for(int i=1;i<=10;i++){
            try{
                // 等待随机时间
                Thread.sleep((int)(Math.random()*3000));
            }
        }
    }
}
```

```
              catch(InterruptedException e){
                      e.printStackTrace();
              }
              // 从店员处取走整数
              clerk.getProduct();
          }
      }
  }
```

第四步：在 main() 方法中创建 Clerk 店员类的对象，同时创建 Producer 线程和 Consumer 线程，并启动线程。代码如下：

```
public class ProductTest {
    public static void main(String[] args) {
        Clerk clerk=new Clerk();
        // 生产者线程
        Thread producerThread=
                new Thread(new Producer(clerk));
        // 消费者线程
        Thread consumerThread=new Thread(new Consumer(clerk));
        producerThread.start();
        consumerThread.start();
    }
}
```

完整代码如下：

```
public class ProductTest {
    public static void main(String[] args) {
        Clerk clerk=new Clerk();
        // 生产者线程
        Thread producerThread=
                new Thread(new Producer(clerk));
        // 消费者线程
        Thread consumerThread=new Thread(new Consumer(clerk));
        producerThread.start();
        consumerThread.start();
    }
}
```

```java
class Clerk {
    //-1 表示目前没有产品
    private int product=-1;
    // 这个方法由生产者调用
    public synchronized void setProduct(int product){
        if(this.product!=-1){
            try{
                // 目前店员没有空间收产品,请稍后
                wait();
            }catch(InterruptedException e){
                e.printStackTrace();
            }
        }
        this.product=product;
        System.out.printf(" 生产者设定 (%d)%n",this.product);
        // 通知等待区中的一个消费者可以继续工作了
        notify();
    }
    // 这个方法由消费者调用
    public int getProduct(){
        synchronized(this){
            if(this.product==-1){
                try{
                    // 缺货了,请稍后
                    wait();
                }catch(InterruptedException e){
                    e.printStackTrace();
                }
            }
            int p=this.product;
            System.out.printf(" 消费者取走 (%d)%n",this.product);
            this.product=-1;// 取走产品,-1 表示目前店员手上无产品
            // 通知等待区中的一个生产者可以继续工作了
            notify();
            return p;
        }
    }
}
```

```java
class Producer implements Runnable {
    private Clerk clerk;
    public Producer(Clerk clerk){
        this.clerk=clerk;
    }
    public void run(){
        System.out.println(" 生产者开始生产整数……");
        // 生产 1 到 10 的整数
        for(int product=1;product<=10;product++){
            try{
                // 暂停随机时间
                Thread.sleep((int)Math.random()*3000);
            }
            catch(InterruptedException e){
                e.printStackTrace();
            }
            // 将产品交给店员
            clerk.setProduct(product);
        }
    }
}
class Consumer implements Runnable{
    private Clerk clerk;

    public Consumer(Clerk clerk){
        this.clerk=clerk;
    }
    public void run(){
        System.out.println(" 消费者开始消耗整数……");
        // 消耗 10 个整数
        for(int i=1;i<=10;i++){
            try{
                // 等待随机时间
                Thread.sleep((int)(Math.random()*3000));
            }
            catch(InterruptedException e){
                e.printStackTrace();
            }
```

```
                    // 从店员处取走整数
                    clerk.getProduct();
            }
        }
    }
```

运行结果如图 11-1 所示。

```
Console ⊠                                                              ■ ✕ ✖ | 🔳 🔳 🔳 | 🔳 🔳 ▾ 🔳 ▾ 🔳 ▾
<terminated> EmpTest [Java Application] C:\java\jdk7.0\jdk1.7.0_67\bin\javaw.exe (2016年12月23日 上午11:25:51)
生产者开始生产整数······
消费者开始消费整数······
生产者设定（1）
消费者取走（1）
生产者设定（2）
消费者取走（2）
生产者设定（3）
消费者取走（3）
生产者设定（4）
消费者取走（4）
生产者设定（5）
消费者取走（5）
生产者设定（6）
消费者取走（6）
生产者设定（7）
消费者取走（7）
生产者设定（8）
消费者取走（8）
生产者设定（9）
消费者取走（9）
生产者设定（10）
消费者取走（10）
```

图 11-1　运行结果

11.2　练习（50 分钟）

定义 SomeThread 线程类，在其 run() 方法中要求输出一句话：“sleep... 至 not runnable 状态”，然后调用 Thread.sleep( ) 方法使线程阻塞 9999 毫秒，并在异常处理中输出一句话：“I am interrupted...”。在 main( ) 方法中启动此线程，并调用 interrupt( ) 方法使刚才的线程离开阻塞状态。

11.3　作业

利用本章学习内容实现在控制台输出 1~10，要求每 3 秒输出一个。